图文古人生活

饮酒

吴云粒◎著

人民东方出版传媒
People's Oriental Publishing & Media
東方出版社
The Oriental Press

图书在版编目（CIP）数据

酒饮 / 吴云粒 著 . — 北京 : 东方出版社 , 2023.11
ISBN 978-7-5207-3083-9

Ⅰ . ①酒… Ⅱ . ①吴… Ⅲ . ①酒文化 – 中国 Ⅳ . ① TS971.22

中国国家版本馆 CIP 数据核字 (2023) 第 105215 号

酒饮
（JIUYIN）

作　　者： 吴云粒
责任编辑： 王夕月
出　　版： 东方出版社
发　　行： 人民东方出版传媒有限公司
地　　址： 北京市东城区朝阳门内大街 166 号
邮　　编： 100010
印　　刷： 天津旭丰源印刷有限公司
版　　次： 2023 年 11 月第 1 版
印　　次： 2023 年 11 月第 1 次印刷
开　　本： 650 毫米 ×920 毫米 1/16
印　　张： 18
字　　数： 200 千字
书　　号： ISBN 978-7-5207-3083-9
定　　价： 88.00 元
发行电话：（010）85924663 85924644 85924641

总序

中国文化是一个大故事，是中国历史上的大故事，是人类文化史上的大故事。

谁要是从宏观上讲这个大故事，他会讲解中国文化的源远流长，讲解它的古老性和长度；他会讲解中国文化的不断再生性和高度创造性，讲解它的高度和深度；他更会讲解中国文化的多元性和包容性，讲解它的宽度和丰富性。

讲解中国文化大故事的方式，多种多样，有中国文化通史，也有分门别类的中国文化史。这一类的书很多，想必大家都看到过。

现在呈现给读者的这一大套书，叫作“图文中国文化系列丛书”。这套书的最大特点，是有文有图，图文并茂；既精心用优美的文字讲中国文化，又慧眼用精美图像、图画直观中国文化。两者相得益彰，相映生辉。静心阅览这套书，既是读书，又是欣赏绘画。欣赏来自海内外二百余家图书馆、博物馆和艺术馆的图像和图画。

“图文中国文化系列丛书”广泛涵盖了历史上中国文化的各个方面，共有十六个系列：图文古人生活、图文中华美学、图文古人游记、图文中华史学、图文古代名人、图文诸子百家、图文中国哲学、图文传统智慧、图文国学启蒙、图文古代兵书、图文中华医道、图文中华养生、图文古典小说、图文古典诗赋、图文笔记小品、图文评书传奇，全景式地展示中国文化之意境，中国文化之真境，中国文化之善境，中国文化之美境。

这是一套中国文化的大书，又是一套人人可以轻松阅读的经典。

期待爱好中国文化的读者，能从这套“图文中国文化系列丛书”中获得丰富的知识、深层的智慧和审美的愉悦。

王中江

2023年7月10日

前言

从古至今，人类对酒就怀有一种特殊的情感，并为这种饮料赋予了许多社会、道德和精神上的意义。酒不仅是一种客观存在，更是一种文化符号。人们在品酒时，摆脱了单纯的口欲，追求以酒升华生活，把它变成一种精神上的美妙享受，使其呈现出丰富多彩的文化形态。

战场上，酒壮英雄胆：“笛奏梅花曲，刀开明月环。”

情场上，“酒不醉人人自醉”，酒催情，也忘情：“抽刀断水水更流，举杯消愁愁更愁……”

酒场上，“酒逢知己千杯少”，挥发的是性情、讲究的是分寸，“一句话，一辈子，一杯酒……”

家庭中，提到酒，事情就变得复杂了，说来话长，使人不想短说……

酒啊，酒是权贵们纵情声色的催情水，穷苦

人家的宽心药，文人墨客的摄魂剂，伤心人的“孟婆汤”。

作为一名中医执业医师，我更关注传统中医与酒的药用。上古时期医巫同源，后来药酒取代了巫术，逐步产生医家与医学。适度饮酒，以酒入药，被不断证明可以激发药性、温经通络、扶阳祛寒。一句话，小饮怡情益身，大醉伤心伤身。

摆在您面前的这本书，也如一杯热酒，从浩荡酒香中追忆千年往事，杯酒红颜里释怀千古爱情，刀光剑影中体味千年酒事，诗词歌赋中放怀千古悲喜……就着精美彩图与恰当图注，一起回顾酒史、酒源、酒名、酒市、酒器、酒俗、酒令、酒文化……不必大醉，微醺足矣。

目录

第一章 酒香浩荡

第二章 杯酒红颜

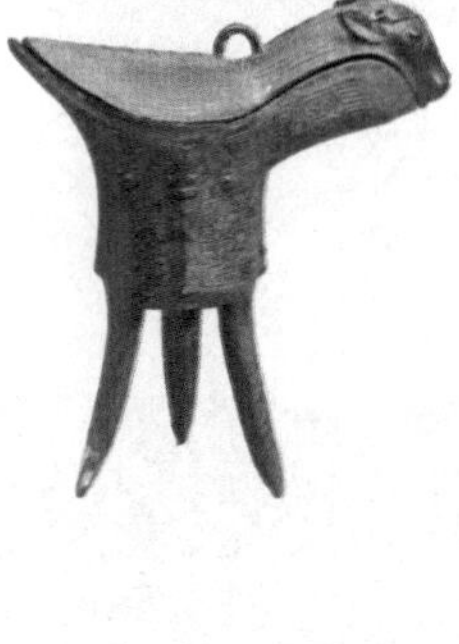

目录

第三章 刀光酒事

第四章 放歌千年

第一章 酒香浩荡

对酒当歌，人生几何！
譬如朝露，去日苦多。
慨当以慷，忧思难忘。
何以解忧？唯有杜康。

第一节　古猿醉处探酒源

古猿醉处探酒源

1500 万年前，淮河岸边的洪泽湖畔，生长着一群体格健壮的古猿，他们属长臂猿科，处于晚期智人阶段，他们就是后来被称为“下草湾人”的双沟古猿。天近傍晚，他们来到一片茂密的树林。在一棵大树下的树洞中，有一摊神奇的味道香甜的果液，饮食后有一种难以形容的舒爽。夕阳西下，古猿们或是伏下身子去饮，或是用一片大叶子去掬，甚至用一根空心的草茎去吸吮。奇怪的事情发生了，眼前奔跑的野兔、野鼠，以及树上的小鸟变得越来越模糊，古猿醉了，飘飘欲仙，醉卧于地，其中有些竟还仙逝于此。仙逝之词用在此处应该不会算错，在一种美妙的自我陶醉的感觉中死去，即便是猿也会感到非常的愉悦。

岁月飞逝，历史将这些浪漫死去的醉猿慢慢淹没。直至公元 1953 年，在疏浚淮河流入洪泽湖口双沟下草湾河床的施工现场，这些古猿化石才

猿与酒

猿猴不仅喜欢饮酒，甚至还会自己动手“酿酒”，这在我国的很多历史文献中都有过记载。根据清代李调元所载：“琼州（今海南岛）多猿……尝于石岩深处得猿酒，盖猿以稻米杂百花所造，一石穴辄有五六升许，味最辣，然绝难得。”明代李日华《蓬栊夜话》记载：“黄山多猿猱，春夏采杂花果于石洼中，酝酿成酒，香气溢发，闻数百步。”

《缚猴窃果图》
（明）佚名　收藏于美国弗利尔美术馆

《戏猿图》

（明）朱瞻基　收藏于中国台北『故宫博物院』

《猿鹿图》
（宋）佚名　收藏于中国台北『故宫博物院』

重见天日。根据中国社会科学院古生物研究所专家们的研究，这些猿猴属于双沟古猿，而且专家们还发现了浸透到古猿骨胳里的美酒渍迹。专家们形象地把这一重大考古成果的发现地称作“醉猿洲”，这也是迄今为止被证实的最久远的关于酒源的记载。

这样的结果看起来有些荒诞，但却在情理之中。在原始社会中，我们的祖先都是巢栖穴居的，他们的食物主要是野果。野果跌落在石洞或低洼之处，其中能够发酵的糖类在酵母菌的作用下，可以产生一种具有香甜味的液体，这就是最早出现的天然果酒。这种美味的酒食让猿猴们尝到了甜头，聪明的古猿开始专门采摘野果，存放于石洞中，酿制成酒。对这样的行为，《紫桃轩杂缀·蓬栊夜话》中记载道：“黄山多猿猱，春夏采杂花果于石洼中，酝酿成酒，香气溢发，闻数百步。”而与此相似的记载在《清稗类钞·粤西偶记》中也有：“粤西平乐等府，山中多猿，善采百花酿酒。樵子入山，得其巢穴者，其酒多至数石。饮之，香美异常，名曰猿酒。”如果以上记录的只是一个简单的概念，那么《蝶阶外史》的记载就更为具体：“永平与边城近地多山，山多猴。一旦，群猴移家，百十为队，携持保抱遍山谷。山下居民聚观甚多，有稚子拍手呼，猴谓人将图己，并狂蹿去，遗土盎甚多。范土而成，大可受斗许，小亦数升，浑合如铸，居民拾而凿焉，清汁满中，深红浅碧不一色，酸甘涩不一味，并芳洌，盖猴杂采山果酿成，大风雪不能出，乃开饮之，亦旨，蓄御冬之意也，因名猴儿酒。”由此可见，古猿偶然醉酒乃至有意识地“做”酒并非是无据可查的事情。

当然，这种“做”酒只是简单地等待野果自然发酵的过程，与真正意义上的酿酒完全不同，所以，双沟醉猿的考证及古猿的制酒行为只能说明酒的起源。

那么，谁才是中国粮食酿酒的真正鼻祖呢？

水果与酒

通过河南贾湖遗址的考古发掘发现，在新石器时代早期，嘉湖的祖先就开始酿造和饮用由水果发酵的饮料，这是世界上目前发现最早的酒。酒汁黏稠，酒味甘甜，满屋飘香。李贺曾吟诗赞美称：“琉璃钟，琥珀浓，小槽酒滴真珠红。”（《将进酒》）诗人王翰《凉州词》的“葡萄美酒夜光杯，欲饮琵琶马上催”更是千古名句。

梅子图

选自《花果》册　（清）金农　私人收藏

青梅原产于中国，根据商书《尚书·说命下》记载：『若作酒醴，尔惟红蘖；若作和羹，尔惟盐梅。』据考证，在我国，青梅已有三千年的栽培史和七千年以上的利用史。

《画碧桃》

（清）金廷标　收藏于中国台北『故宫博物院』

桃原产于中国，在《诗经》中就记载了《桃夭》一诗。河姆渡遗址和二里冈青铜时代遗址均发掘出了大量桃核。研究表明，早在六七千年前，我们的祖先就已经在吃桃子了。

江南暑雨一番新結得青、華
底与梅子酸時酸不了眼前多
少皺眉人
乙江外史并題

《碧桃春鸟图》

（清）邹一桂　收藏于中国台北『故宫博物院』

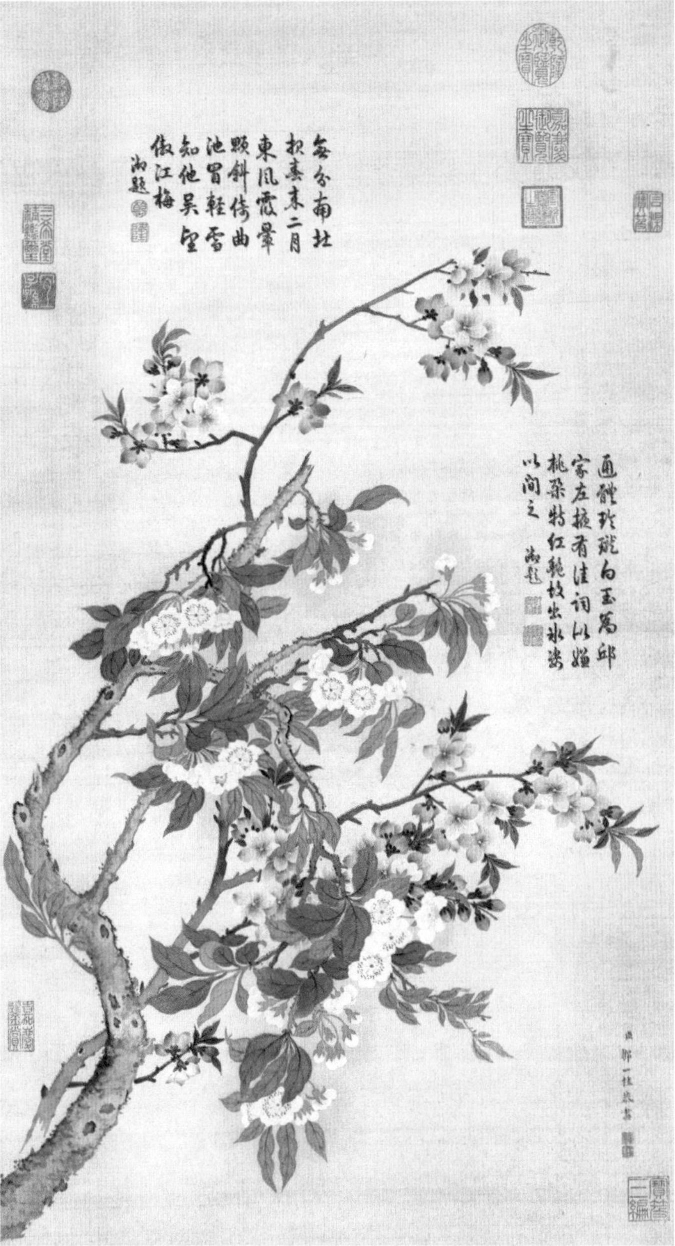

《红桃白梨》

（清）邹一桂 收藏于中国台北『故宫博物院』

根据《花木考》记载：『有所谓山梨者，味极佳，意颇惜之。漫用大翁储百枚，以缶盖而泥其口，意欲久藏，旋取食之，久则忘之。及半岁后，因至园中，忽闻酒气熏人……清冷可爱，湛然甘美，真佳酿也。饮之辄醉。』

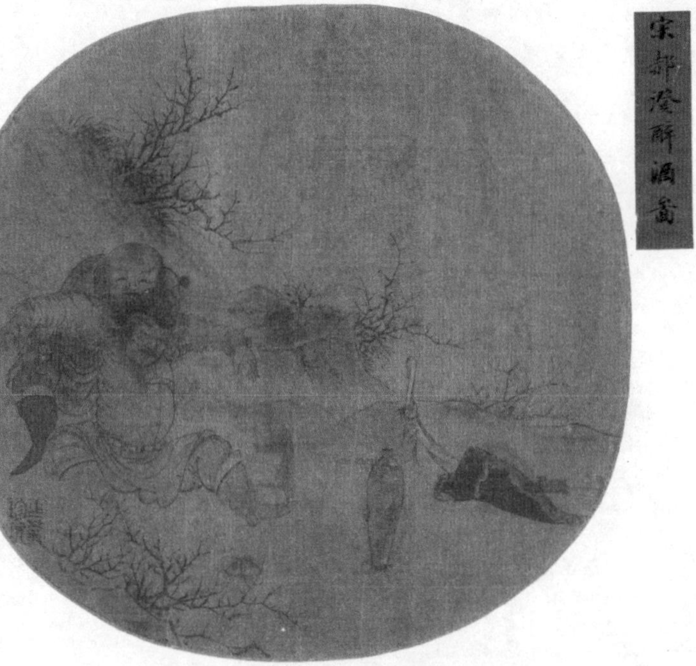

《醉酒图》

（宋）郝澄 收藏于美国纽约大都会艺术博物馆

『美酒饮教微醉后，好花看到半开时。这般意思难名状，只恐人间都未知。』（邵雍《安乐窝中吟》）

第一缕清香 谁酿出了

对酒当歌，人生几何！
譬如朝露，去日苦多。
慨当以慷，忧思难忘。
何以解忧？唯有杜康。

这是三国时期的政治家、军事家、诗人曹操的《短歌行》，诗的大意为：

举起酒杯高歌畅饮，人生短促日月如梭。
好比晨露转瞬即逝，失去时光实在太多！
席上歌声慷慨激昂，内心忧患难以忘怀。
靠什么来排解忧伤？唯有借助美酒杜康。

帝尧像

选自《历代帝王圣贤名臣大儒遗像》册 （清）佚名 收藏于法国国家图书馆

帝尧，传说中父系氏族社会后期的部落联盟领袖，一说为『五帝』之一。孔融在著名的《难曹公表制酒禁书》里写道：『尧不千锺，无以建太平。孔非百觚，无以堪上圣。』意思是说，尧帝如果不能喝千杯酒就无以建立太平盛世；孔子如果不能饮百觚酒就不能成为圣人。锺，指酒杯。觚，指古代青铜酒器。

帝禹像

选自《历代帝王圣贤名臣大儒遗像》册 （清）佚名 收藏于法国国家图书馆

帝禹，上古时期夏后氏首领、夏朝开国君王，以治水闻名后世。根据《世本》记载：『酒之所兴，肇自上皇，成于仪狄。』意思是说，自上古三皇五帝的时候，就有各种各样的造酒方法流行于民间，是仪狄将这些造酒方法归纳总结起来，并使之流传于后世。

戒酒防微

选自《帝鉴图说》法文外销画绘本 （明）佚名 收藏于法国国家图书馆

戒酒防微

根据《资治通鉴外纪》记载：『禹时仪狄作酒。禹饮而甘之，遂疏仪狄，绝旨酒。曰：「后世必有以酒亡国者！」』意思是说，大禹之时，有一人叫作仪狄，善造酒。禹饮其酒，甚是甘美，遂说道：『后世之人，必有放纵于酒以致亡国者。』于是疏远了仪狄，并下旨戒绝了美酒。

无论从诗的文采还是气魄上来讲，曹操的这首诗都可以说是一篇酒诗中的杰作，诗中既有“借酒消愁”的文人思绪，也有政治家志在千里的豪迈气概和雄心壮志。正是凭借这首流传千古的“酒诗”，杜康的名字在民间被广为传颂，杜康造酒说也因此有了广阔的市场。据《酒诰》记载，杜康“有饭不尽，委馀空桑，郁积成味，久蓄气芳，本出于此，不由奇方”。意思是说，杜康将吃不完的剩饭，放在桑园的树洞里，剩饭在洞中发酵后，香气传出，这通常就是酒的做法。从这个层面来说，似乎可以证明杜康造酒的真实性，但是杜康的身世也是有

刘向像

选自《古圣贤像传略》清刊本　（清）顾沅/辑录，（清）孔莲卿/绘

刘向，西汉文学家，其编写的《战国策》记载：『昔者，帝女令仪狄作酒而美，进之禹，禹饮而甘之。』意思是说，从前，舜的女儿让仪狄酿酒，酒味醇美。仪狄把酒献给了禹，禹喝了之后也觉得味道醇美。

吕不韦像

选自《博古叶子》清刻本　（明）陈洪绶/绘

吕不韦，战国时期卫国人，后成为秦国丞相。其编写的《吕氏春秋》记载：『仪狄作酒醪，变五味。』意思是说，仪狄最先酿制米酒，酿出的酒有多种味道。

待考证的。据说，杜康是大禹的五世孙，即夏朝继启、太康、中康、相之后的君主，一说为周朝人。不管是夏禹的后人也好，周人也好，似乎都不能直接说明杜康是酒的发明者，因为在此之前，已有一名叫仪狄的女子奉帝女的命令为禹做美酒，并因此使禹觉得美酒会成为祸害之源而遭禹疏远。不过，仪狄也不一定是酒的发明者，孔子八世孙孔鲋编撰的《孔丛子》说，帝尧、帝舜都是酒量极大的君王，他们喝的总不会是帝禹时代仪狄酿造的甘霖，所以，酒至少应在帝尧时就已被广为酿制。既然如此，杜康与仪狄怎么会被一些史籍认为是酿酒的鼻祖呢？先秦史官所撰的《世本》中有一段话或许可对此有所解：“仪狄始作酒醪，变

酿酒图
选自《本草品汇精要》明彩绘本　（明）刘文泰等
画面中展示了古人酿酒的工艺和过程。

炎帝神农氏像

（清）徐扬

神农氏，上古时期姜姓部落的首领，以尝百草闻名后世。据说，在六千多年前的上古时代，古人在农业生产中创造了酒，炎帝神农氏种植的小米和其他谷物为酿酒提供了原料。根据《论衡》记载：『神农之揉木为耒，教民耕耨，民始食谷，谷始播种，耕田以为土，凿地以为井。』

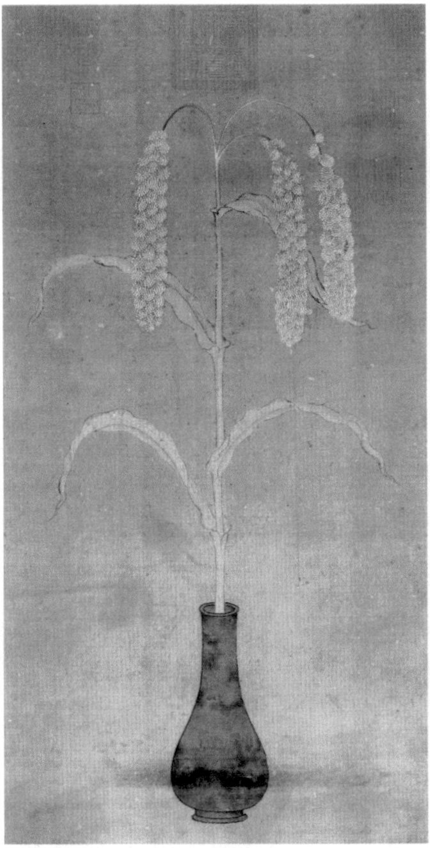

《嘉禾图》

（元）佚名　收藏于中国台北『故宫博物院』

嘉禾意为祥瑞之兆。画面中果实累累、稻生双穗，象征着水稻的丰收，有吉之意。水稻也是古人非常重要的粮食作物，是碳水化合物的主要来源。

《丰稔图》

（明）佚名　收藏于中国台北『故宫博物院』

画面中，瓶里直插着一株饱满的稻谷，稻穗低垂给人一种沉甸甸的感觉。从上古时期，我们的祖先就开始种植水稻。同样，水稻也是古代最重要的粮食作物。

五味。少康作秫酒。”也就是说，仪狄虽说不是制酒始祖，但她发明了足以使酒味变得更加纯正的酒母，而杜康则找到了更适宜酿酒的谷物制酒方式，两人对酿酒的贡献都足以让后人铭记。

除杜康、仪狄造酒说外，上古时期的炎帝神农氏也被认为是酿酒的始祖，这又将中国人工酿酒的时间前移了一步。事实上，中国传统酿酒技术的发明很难算到某一个具体的个人头上，它是在长期的生产生活中逐渐形成的一门技术，最早可追溯到公元前 5000 年至前 3000 年的新石器时代仰韶文化时期。从考古出土的一些制酒盛酒器具来看，仰韶文化早期到夏朝初年，是我国传统酿酒技术的启蒙期，在这一漫长的岁月中，我们的祖先从天然果酒的发酵过程中受到启发，开始用发酵的谷物来泡制水酒，并逐渐使酿造的方法得以规范。夏商周时期，随着仪狄、杜康等酿酒大师的出现，传统酒的酿造工艺步入了它的成长阶段，酿酒技术得到进一步提高，官府还专门设置了由专员管理的酿酒机构。之后，酿酒业得到了空前的发展，酒影响到了社会的各个层面，并开始全面渗透到复杂多变的政治斗争当中。

此时，已到了公元前 700 多年至公元前 200 多年，正是诸侯称霸的春秋战国时代。

酒风初起写『春秋』

春秋战国时期的酒风要比西周时期更盛，表现在不仅士大夫阶层爱喝酒，民间的饮酒也已成为公开的行为，因为这时候的周王朝已经衰落，各诸侯国在政治上是独立的，周王室的禁酒令已经名存实亡，“狗猛酒酸”的寓言便很好地印证了这一现象。这期间，各国涉及军事、政治或谋略与酒有关的故事频频发生，其中最具代表性的有“鲁酒薄而邯郸围”“秦穆公赐酒施恩惠”及“楚庄王觥筹绝缨饮”。

“鲁酒薄而邯郸围”的故事发生在周王室渐衰的时代，那个时候，楚国势力强大，楚宣王桀骜不驯，命令天下诸侯备酒前去见他。鲁恭公不知道因为什么来晚了，而且他献给楚宣王的酒也非常淡薄，宣王大怒，当面羞辱鲁恭公，鲁恭公不甘受辱，说道："我是周公的后代，奉行的是周天子的礼乐制度，也是曾为周王室立下过汗马功劳的人，今天向你献酒，已经是自降身份了，你竟还嫌我酒薄，不要太过分了。"说罢便拂袖而去。楚宣王听了这话，更为生气，下令发兵攻打鲁国，这一消息本来不干魏国的事，但是魏惠王听后却觉得很高兴，因为魏国早就想要伐赵，只是担心鲁国出兵相救才迟迟未敢用兵，如今楚国与鲁国发生战事，正是天赐良机，便率军包围赵国都城邯郸。就这样，只因鲁国酒薄，赵国便莫名其妙地受到了牵连。

"赐酒施恩惠"讲的是秦穆公的事迹。秦穆公是春秋时期一位有伟大抱负的政治家，他曾以五张羊皮换得百里奚为相，其谋略与胸襟自然不同寻常。一次，穆公特别喜爱的两匹马被岐山下务农的奴仆盗走后宰杀，当他率人赶去岐山时，三百多名奴仆正热火朝天地围坐在一起吃马肉。将士们看到此情此景，非常气愤，想要把他们拉走治罪，被秦穆公阻拦，说："君子不能因为爱惜自己的财产而去伤害别人，我听说吃马肉不喝酒会伤身体，所以很为他们担忧。"于是穆公赐了好酒给盗马的奴仆，奴仆大为感动，但随行的将士们却纷纷露出了不解之色，他们不知道秦穆公为什么要这么做。后来的一件事证明了秦穆公的深谋远虑。一日，在韩原（即今陕西韩城县西南）率军与晋军大战的秦穆公被晋军围困，晋国大将梁由靡已冲到秦穆公战车的马前。在此危急时刻，岐山奴仆组成的队伍忽然赶到，拼死将穆公救出，报答了他的恩德。

同秦穆公一样，因成语"不鸣则已，一鸣惊人"而被人熟知的楚庄王也是一位以德治国的贤明君主。他在经历了陈兵问鼎和大胜援郑晋军的关键之战后，宴请群臣，并令嫔妃席前助兴。酒酣之际，忽然一阵大风刮来，将殿上的蜡烛吹灭。混乱中，王后的衣服被人拉扯，对方似有

百里奚像

选自《博古叶子》清刻本　（明）陈洪绶

百里奚，春秋时期虞国人，号五羖大夫。『百里奚，五羊皮。忆别时，烹伏雌。舂黄齑，炊扊扅。今日富贵忘我为？』百里奚成为秦国丞相后一日与众人宴饮，席间府内洗衣的老妇人前来献唱，百里奚方与分离几十年的妻子相认。

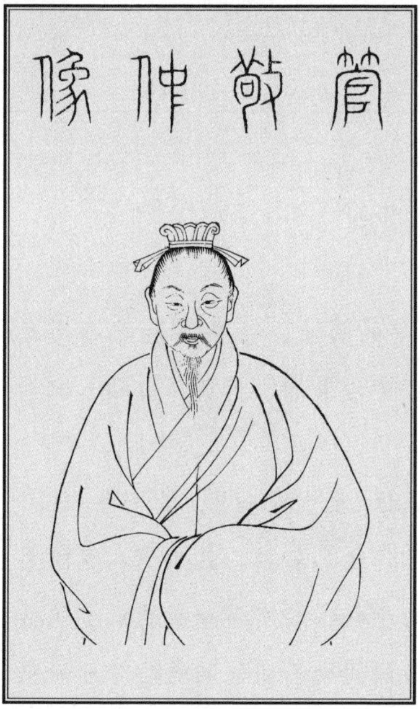

管仲像

选自《古圣贤像传略》清刊本　（清）顾沅　辑录，（清）孔莲卿　绘

管仲，名夷吾，春秋时期法家代表人物。根据《韩诗外传》记载：『齐桓公置酒，令诸大夫曰：「后者饮一经程。」管仲后，当饮一经程，饮其一半，而弃其半。桓公曰：「仲父当饮一经程而弃之，何也？」管仲曰：「臣闻之：酒入口者，舌出，舌出者言失，言失者身弃。臣计弃身不如弃酒。」桓公笑曰：「仲父起，就坐。」』意思是说，管仲应罚酒一杯，但只饮了小半杯，却把大半泼在地上。齐桓公觉得有失面子非常不悦，但还是问管仲此举的原因。管仲十分镇定，讲明自己酒量有限，泼酒是为量力而行，如果醉酒失言，招来杀身之祸，岂不是比泼酒更糟吗？

调戏之意，王后颇有不满，便随手扯下了对方的帽缨，对楚庄王说，有人趁乱对臣妾无礼，臣妾现在扯下了他的帽缨，请大王点灯后明察。楚庄王听后虽然有些生气，但想到毕竟在座的都是随自己出生入死的有功之臣，如果为此事动了杀机，难免影响大局。于是他大声说道，今天饮酒，大家须尽情畅饮。他让所有臣子都把帽缨扯下，这时，烛光重燃，谁也不清楚是哪位大臣对王后无礼。在以后的多次战争中，楚军中总有一位大将英勇无比，奋不顾身，使敌军闻风丧胆。毫无疑问，这位大将就是那位被王后扯去帽缨的无礼之人，“绝缨之事”也因此成为流传千古的酒中佳话。

除了以上典故之外，这一时期发生的关于酒的故事还有鲁桓公醉中丧命、管仲饮酒弃半觞、晏婴谏景公罢宴等，春秋战国的历史也因此沾上了一丝淡淡的酒香。

相关链接

中国的酒

在中国，酿酒已经有八千年的历史，主要酿造的酒类有一百多个品种，但是最主要的可分为果酒、黄酒、白酒、配制酒和啤酒五大类别。

果酒是历史最为悠久的发酵酒，至少在一千五百万年以前，自然发酵的果酒就已经被古猿当作饮品食用。最早供人类饮用的酒就是这种以各种野生果实为原料，经发酵而成的低度饮料酒。一般认为我国是在汉代，当葡萄由西域传入之后才开始出现果酒的，但最新的考古发现已经使我国酿制果酒的时间大大提前。

黄酒是我国最古老的传统酿造酒，距今已有六千年的历史，它的原料是大米等谷物，经过蒸煮、糖化、发酵和压滤等一系列的步骤方可制成。黄酒中的主要成分是乙醇和水，但是除此之外，还有麦芽糖、葡萄糖、甘油、糊精、含氮物、醋酸、琥珀酸、无机盐及少量醛、酯与蛋白质分解的氨基酸等，对于人体来说，有较高的营养价值。

中国白酒的起源历来就有东汉、唐代、宋代和元代四种说法，其中认可度最高的是宋代，距今有近千年的历史。它的原料丰富，口味独特，在世界享有盛誉。

我们很难再去考证中国配制酒产生的详细年代，但可以确定的是，配制酒的起源应在春秋战国之前。它是以发酵原酒、蒸馏酒或优质酒精为酒基，加入花果成分、动植物的芳香物料或药材等物质，采用浸泡、蒸馏等不同工艺调配而成，是酒中之珍品。

其实，中国啤酒的历史也很长。据史书记载，大约在三千两百年前，与现代啤酒类似的饮品就已在我国出现，被称为“醴”，可惜由于其不符合古人的口味，而最终没能被留传下来。

刘伶醉酒的酒铺在晋代，而文君当垆的故事则发生在更早一些的西汉，所以酒肆的历史在中国应该不短。据说，早在殷商时期，后来成为西周开国功臣的姜子牙就曾在朝歌城里卖酒，可见酒肆在周前就已有之……

第二节　酒旗飘摇的水村山郭

最优美的当垆典故

公元前 230 年至公元前 221 年，强大的秦国横扫六国，结束了春秋战国的纷争，建立起了统一的秦王朝。由此至公元 1000 年的北宋，为中国传统酒的成熟期。这期间，《齐民要术》《酒法》等科技著作和一些名酒相继问世，黄酒、果酒、药酒及葡萄酒等酒品也有了发展，一大批文人墨客纷纷与酒结缘，使酒沾上了浓浓的文化气息。酿酒工艺的兴旺直接带动了酒业销售的发展，从商代开始出现的酒肆逐渐大规模进入集市，高挑的酒旗成了当时社会的一道风景。在众多的酒肆中，涌现出了无数优美的故事，其中尤以西汉司马相如与卓文君的当垆典故最为动人。

年轻时的司马相如是西汉著名的文人雅士，尤其精通琴艺，因倾慕战国时代赵国蔺相如的为人行事，故以“相如”作为自己的名字。据《史记·司马相如列传》记载，他曾因仕途不顺，家境贫困，投靠了在四川临邛为官的好友王吉，并通过王吉结识了许多当地名士。在众多名士中，有一位叫卓王孙的富豪十分仰慕司马相如的才气，特地邀请他来家中抚琴。卓文孙之女卓文君此时恰好新寡在家，得知英俊潇洒的才子司马相如前来不由欣喜异常，悄悄躲在屏风后偷听。当日，司马相如似乎感觉到了卓文君的存在，故意弹奏吟唱了一首闻名后世的凤求凰：

凤兮凤兮归故乡，遨游四海求其凰。
时未遇兮无所将，何悟今兮升斯堂！
有艳淑女在闺房，室迩人遐毒我肠。
何缘交颈为鸳鸯，胡颉颃兮共翱翔！
凰兮凰兮从我栖，得托孳尾永为妃。
交情通意心和谐，中夜相从知者谁？
双翼俱起翻高飞，无感我思使余悲。

一曲奏罢，通晓琴棋书画的卓文君芳心即动，不顾家人反对，毅然随司马相如私奔成都。卓王孙得知此事后大发雷霆，认为司马相如有辱读书人的名声，自己的宝贝女儿与一个穷光蛋夤夜私奔、败坏门风，也着实令人失望，此事让他无脸见人。司马相如和卓文君却对此毫不在意，他们根本不把生活的艰难放在心上。几个月后，二人干脆卖掉了车马，回到临邛，开了一间小酒肆，卓文君不施粉黛，当垆沽酒，司马相如更是穿上犊盘鼻裤，与保佣杂作一同洗涤酒器，做起了酒肆的跑堂。一时间，这对才子佳人的当垆故事传遍四方，引得无数女子争相效仿，倚瑟当垆成为一种时尚。后来，在众人的纷纷劝说下，卓王孙终于认下了司马相如这个女婿，赠予卓文君僮仆百人、钱百万缗，使得这对小夫妻不必再为衣食忙碌，过上了饮酒作赋、鼓琴弹筝的悠闲生活。

借着“文君当垆”的典故，司马相如与卓文君的爱情故事成为千古美谈，佳人卓文君似已找到了自己的终身幸福，但事实却并非如此完美。汉武帝即位后，失意官场多年的司马相如重获君王赏识，以一篇盛赞皇帝狩猎时盛大场面的《上林赋》得拜郎官，进驻长安。为官期间，司马相如凭着一枝生花妙笔，以一篇檄文，晓以大义，剖陈利害，并许以赏赐，消弭了巴蜀两地不稳的情势，为汉室立下奇功。踌躇满志的司马相如自认为功在汉室，理应受到封赏，然而，由于他屡次上书谏止汉武帝狩猎，所以后来只得到了一个名位清高而闲散的官职。失意的司马相如开始在脂粉堆里周旋，进而欲在天命之年纳一美貌的茂陵女子为妾，这使忍让多年的卓文君忍无可忍，以一首《白头吟》劝夫：

司马相如像

选自《博古叶子》清刻本（明）陈洪绶

司马相如，字长卿，『汉赋四大家』之一，被后世誉为『赋圣』和『辞宗』。其与卓文君的爱情故事历来被世人歌颂。

皑如山上雪，皓若云间月。
闻君有两意，故来相决绝。
今日斗酒会，明旦沟水头。
躞蹀御沟上，沟水东西流。
凄凄复凄凄，嫁娶不须啼。
愿得一心人，白头不相离。
竹竿何袅袅，鱼尾何簁簁！
男儿重意气，何用钱刀为！

全诗中没有一句提到当垆之事，却尽显当日所祈和此时的失落。司马相如见得此诗，念及旧情，不忍伤害患难与共的妻子，打消了纳妾的念头。十年后，司马相如因消渴症而死，未亡人卓文君每日遥望远方，想起当垆时的情景，不由伤感异常，翌年深秋，随夫而去，为这一段浪漫的爱情画上了句号。

杜康沽酒醉刘伶

就在“文君当垆”的故事过去四百多年之后，中国历史上又一位与酒结缘的文人名士走入了人们的视野，他的名字叫刘伶，就像提起造酒不可不提杜康一样，提起饮酒绝对不可不提刘伶。刘伶是西晋沛国人，与阮籍、嵇康、山涛、阮咸、向秀和王戎并称为“竹林七贤”。有意思的是，在传说中，刘伶和杜康竟还有缘相见，他们相见的地点就在晋代的酒肆。

据说，刘伶饮遍了天下佳酿，但是仍觉意犹未尽，有一天，他听说河南洛阳有家杜康酒坊酿的酒天下闻名，就费尽心力前去寻找。这天他来到酒坊门前，首先看到这样一副对联：

嘉慶御覽之寶

刘伶嵇康像

选自《七贤图》（宋）钱选 收藏于中国台北『故宫博物院』

刘伶（图中右），魏晋时期名士，与阮籍、向秀、嵇康（图中左）、山涛、王戎和阮咸并称为『竹林七贤』。其嗜酒如命，喜纵酒狂放，有《酒德颂》存世。

上联是：猛虎一杯山中醉
下联是：蛟龙两盏海底眠
横批是：不醉三年不要钱

刘伶看完对联，暗自发笑，进入店中高喊拿酒。杜康给刘伶端来酒杯，刘伶一饮而尽，果然醇香无比，想要再喝两杯。杜康上前阻拦，并说这酒饮上三杯需醉三年才醒。刘伶哪里肯信，心心念念就要喝酒，还以砸碎酒牌相威胁。杜康只好再端给他两杯。刘伶喝过之后便往回赶，一路上已经感觉头重脚轻，最终竟醉死在家中。

刘伶醉死三年以后，杜康找上门来。刘家的人刚要发怒，杜康笑着阻拦："我先前说的要醉三年，但是刘大人偏偏不信，才会落得如此局面，但是现在已经过了三年，他可以出来了。"刘家人半信半疑地领着杜康一起刨开埋葬刘伶的酒糟，打开棺材，只见刘伶面色红润，和生前没有什么两样，不一会儿便慢慢睁开眼睛，连喊好酒好酒。杜康笑问："还要不要砸我的酒牌呀？"刘伶面带愧色，再也说不出话来。

其实，我们知道，杜康可能是黄帝时期的人，和刘伶根本就不是一个时代的，这个故事只能说明，刘伶在好喝酒的人们心中地位非常崇高。而生活中的刘伶也的确不辱其名，他嗜酒之狂之癫实为前所未有。

刘伶曾经也是仕途中人，官职做到了建威将军参军，自称为天下第一"醉鬼"。他曾在对神发誓时自谓："天生刘伶，以酒为名，一饮一斛，五斗解酲。"据《酒谱》讲述，刘伶做官的时候就极好喝酒，他"上班"时经常随身带着酒壶，边走边喝，并让人带锹同行，告诉他们说，我什么时候饮酒死了，你们便就地挖坑埋葬即可。刘伶这个人性情极其放浪形骸，有一次会客时，他喝醉了，竟然赤裸着出来见人，客人责怪他，他却不以为意地说："大地就是我的屋子，房屋是我的裤子，你们进到了我的裤子里来，怎么还责怪我呢？”

刘伶嗜酒成性，曾写就著名的《酒德颂》：

有大人先生，以天地为一朝，以万期为须臾，日月为扃牖，八荒为庭衢。行无辙迹，居无室庐，幕天席地，纵意所如。止则操卮执觚，动则挈榼提壶，唯酒是务，焉知其余？

有贵介公子，缙绅处士，闻吾风声，议其所以。乃奋袂攘襟，怒目切齿，陈说礼法，是非锋起。先生于是方捧罂承槽、衔杯漱醪；奋髯踑踞，枕麹藉糟；无思无虑，其乐陶陶。兀然而醉，豁尔而醒；静听不闻雷霆之声，熟视不睹泰山之形，不觉寒暑之切肌，利欲之感情。俯观万物，扰扰焉，如江汉之载浮萍；二豪侍侧焉，如蜾蠃之与螟蛉。

刘伶的这一名篇充分体现了处于动荡社会中的文人处境艰难，意欲借酒浇愁发泄不满。从汉末到魏晋，为君为王者打打杀杀，使所有的人都备感不安，文人只有一醉方休，醉生梦死，方能苟活于世。除了醉酒，刘伶们还能做些什么呢？

刘伶也许不是“竹林七贤”中才气最高的，但他在民间的名气却比其他人都要大些，这不得不说是沾了天下第一“醉鬼”的光。

矾楼『师师』本姓王

刘伶醉酒的酒铺在晋代，而“文君当垆”的故事则发生在更早一些的西汉，所以酒肆的历史在中国应该不短。大家都知道，姜子牙是周朝的开国元勋，据说，早在殷商时期，他就曾在朝歌城里卖酒，可见，那个时候就已经有了酒肆。在宋代之前，朝廷对卖酒的场所均有一定的限制，居民区里一般不允许经营买卖，酒肆必须开设在特定的商业集市上。进入唐代，这种情况随着诗风的兴盛而变化，作对吟诗混合着酒香，致使大型酒楼和乡野酒肆遍地林立，出现了“水村山郭酒旗风”的盛景，只是这时的酒楼酒肆仍未打破经营区域的限制。一直到了北宋年间，这种传统的坊市制度才被打破，在位于城市中心的居民区内和街道两旁出现了一座座两三层高的酒楼，酒业昌盛。在鳞次栉比的酒楼中，汴京名妓李师师所在的矾楼尤为著名。

有花魁之美誉的李师师本来不姓李，她的父亲王寅是一个匠工，在汴京永庆坊染局做事，母亲生下她后即因难产死去，四年后父亲也因故在狱中去世。幼时的师师曾在佛门记名“舍身”，后被“慈幼局”收养。长大一点后，有一个叫李姥的鸨母带走了师师，将她改为李姓，在东京街头的“瓦舍”和“勾栏”卖唱成名，并进入东京七十二正店之首的矾楼。现代人对李师师的了解大多是从施耐庵的《水浒传》开始，宋江为求得朝廷招安，采用曲线救国之策，因为李师师与徽宗赵佶关系暧昧，

宋徽宗赵佶像

选自《历代帝后像》轴　佚名　收藏于中国台北『故宫博物院』

宋徽宗赵佶，宋朝第八位皇帝。李师师和宋徽宗建立亲密关系后，在院中大兴土木，建起一座绣花楼，宋徽宗亲自将此楼题名为『醉杏楼』。

所以宋江找到了李师师。在为一众江湖好汉的豪迈之气唱颂歌的施耐庵笔下，对李师师的描写着墨很少。但是，李师师凭借出色的容貌和绝佳的才华，深得当时文人雅士的倾慕，大名鼎鼎的秦少游曾为其赋词曰：“去年元夜时，花市灯如昼。月上柳梢头，人约黄昏后。今年元夜时，月与灯依旧。不见去年人，泪湿春衫袖。”又有“年时今晚见师师，双颊酒红滋。疏帘半卷微灯外，露华上，烟袅凉飔。簪髻乱抛，偎人不起，弹泪唱新词。佳期谁料久参差。愁绪暗萦丝，想应妙舞清歌罢，又还对，秋色嗟咨。唯有画楼，当时明月，两处照相思”。这词情谊绵绵，婉约优美，读罢不由令人拍案叫绝，这也进一步体现出李师师在众多文人雅士心目中的地位。但是这样的厚待也或多或少引起了同为才女的秦少游的夫人苏小妹的不平。说到李师师获赠的花酒诗词，以下这首也值得一提：“几时花里闲，看得花枝足。醉后莫思家，借取师师宿。”这是另一名士晏几道在矾楼与师师把酒言欢后，醉意蒙眬中的“大作”，其诗中透露出的那种沉醉与满足也足以让人浮想联翩。

另外，欧阳修也与李师师有过两情相悦之事，当然，才气十足的徽宗赵佶也不能免俗，赵佶虽然治国无方，但在文人雅士中长期占有一席之地。

一腔哀怨留青楼

唐宋时期兴起的酒楼文化到明清时期依然延续，但文雅之风却逐渐没落。明清酒楼已逐渐沦为达官贵人追求纯粹的感官刺激和进行商业活动的场所，以往历代出现的动人故事到此时已不多见，但偶尔也会有亮点。发生在明朝末年，后由清初剧作家孔尚任整理编撰的戏剧《桃花扇》中的秦淮名妓李香君的故事就属于这一类。

《桃花扇》的主人公李香君是秦淮河畔媚香楼中的酒妓，她与马湘兰、卞玉京、顾横波、柳如是、寇白门、董小宛及陈圆圆并称为“秦淮八艳”。李香君栖身的媚香楼是南京的一家高档酒楼，在这种酒楼里谋生的姑娘多是卖艺陪笑而不卖身的，所以客人也多半是些文人雅士和正直忠耿之臣。十六岁那年，李香君在媚香楼里结识了河南商丘人侯方域，并对他一见倾心。那时，“南明四公子”之一的侯方域第一次来南京，想参加礼部会试。闲暇之余，他经朋友介绍，来到媚香楼，希望一睹当时已颇具盛名的李香君的风采。进入李香君的房间后，侯方域立即被这位青楼女子的才华所折服，屋子正中挂着的由李香君创作并配诗的《寒江晓泛图》更是令他不敢相信自己的眼睛。激动之余，侯方域即兴赋诗一首赠予李香君，一时之间，男女二人相依相惜，双双坠入爱河。

结识李香君后，侯方域再也不想离开一步，他决定按当时的习俗，将李香君“梳拢”下来。但是，由于李香君名气太大，“梳拢”的价格高得惊人，来赶考的侯方域根本没有那么多的钱财。正当他犯难之时，好友杨龙友送来一大笔钱，帮他完成了夙愿。“梳拢”仪式完成的当晚，侯方玉送给李香君一把象牙骨雕白绢面宫扇，上面系着琥珀扇坠，以此作为二人的定情信物。从此，侯方域与李香君双栖双飞，在媚香楼中尽享恩爱甜蜜。

最初住进媚香楼的时候，侯方域根本没心思去想杨龙友给他的钱从何而来，冷静下来之后，方才想起杨龙友家中也不富裕，便对这笔钱的来源产生了怀疑。一番追问之后，杨龙友如实相告，这钱是由被皇上革职的魏忠贤余党阮大铖支付的，其目的只是为了结交他。侯方域闻听此事非常生气，素来痛恨阮大铖人品的他完全没有想到无意之中竟会用了这个奸人的钱，一时不知该如何是好。深知侯方域为人的李香君很快察觉到了他的心事，当即变卖珠宝，四处募集资金，终于还清了阮大铖的债，并与之划清了界限，但这也导致了阮大铖对侯方域恨之入骨。

侯方域成功拒绝了阮大铖的拉拢，使陈贞慧、吴应箕等一干朋友非常高兴，他们纷纷相约共饮，为阮大铖的狼狈击掌相庆。但，时局很快就发生了变化，李自成攻入北京，崇祯皇帝自杀身亡，福王朱由崧在南京建立了弘光新皇朝，阮大铖的好友马士英成了执政大臣，随即起用阮

《李香君像》

佚名

李香君，秦淮名妓，她嗓音甜美、歌喉圆润，但从来不轻易给人展现歌喉。同时，她对音律诗词、丝竹琵琶也颇有研究。

《梁店驿》（明）钱谷

《清明上河图》清院本

（清）陈枚

收藏于中国台北『故宫博物院』

《清明上河图》清院本（局部）

（清）陈枚　收藏于中国台北『故宫博物院』

大铖任兵部侍郎，继而又将其升为兵部尚书。陈贞慧、吴应箕这些得罪过阮大铖的人相继被捕入狱。侯方域得知消息后，明白自己也将大祸临头，便含泪告别李香君，连夜逃到了督师扬州的名将史可法麾下，投身于抗清的战斗之中。

侯方域离开后，李香君闭门谢客，一心只等丈夫归来，这时许多达官显贵打起了她的主意，但全都碰壁而回。不久，深受皇上宠信的佥都御史田仰来到南京，久闻李香君大名的他欲纳其为侍妾。早想报复侯方域的阮大铖立即抓住机会，在重金下聘失败后，怂恿田仰强抬花轿娶亲，逼得李香君纵身跳下媚香楼，血染绢扇。

跳楼自尽的李香君被众人救起，得信后匆匆赶来的杨龙友拾起血迹斑斑的绢扇，回到家中轻轻将点点血迹绘制成朵朵鲜艳欲滴的桃花，这把扇子后来陪伴了李香君走完了一生。

以死相拒的李香君躲过了田仰的强娶，最终还是没能等到与侯方域重逢的那一天。跳楼之事过去没多久，阮大铖又想出阴招，向皇帝进言，将李香君召入宫中，充当歌姬，令其无法自由进出宫门。后来，清军攻入南京，李香君趁乱逃出宫中，几经坎坷，在苏州遇上了“秦淮八艳”中的另一位名妓卞玉京，并在她家落脚。因与侯方域长期分离致使李香君思念成疾，一病不起。为了找到侯方域，卞玉京到处请人打探消息，却总是与其失之交臂。李香君的病情一天比一天严重，终于气息难继。临死之际，她挣扎着剪下一绺黑发，用红绢包好后绑在那柄印满桃花的白绢扇上，嘱咐卞玉京日后将其转交侯方域，随后怀着一腔哀怨离开了人世。

侯方域终于得到了李香君的消息，连夜赶往苏州，但当他来到卞玉京的小院时，李香君已于前一天夜里悄然离世。

相关链接

古代酒肆

酒肆即为卖酒的场所，是对中国古代酒庄、酒店及酒楼的统称。酒肆在商代时就已存在，只是规模较小，服务项目也比较单一。到春秋战国时期，酒铺逐渐流行，开始出现专业的酒女。从汉代到唐宋再到元明清，是酒肆发展的黄金阶段，这一时期，诗词画赋的兴盛孕育出了无数狂放嗜酒的文人名士，大批酒楼、酒店如雨后春笋般涌现，豪华程度远胜于同时代的其他建筑。曹魏时的“青楼”，北宋开封的“樊楼”，南宋临安的八大楼（即“秦和楼”“西楼”“和乐楼”“春风楼”“和风楼”“丰乐楼”“太平楼”和“中和楼”）与明代南京的“醉仙楼”等都是其所处时代最著名的酒肆。在这段漫长的岁月里，城中的许多大酒楼已经成为达官显贵交际、应酬和玩乐的主要场所，卖酒反而成了附属项目。

大约从春秋时期起，酒肆开始悬挂酒旗。酒旗的名称很多，以其颜色可分为青旗、翠帘、素帘、彩帜等；以其形制可分为酒幔、酒旆、野旆、酒帘、青帘、杏帘、幌子等；以其用途可分为酒标、酒榜、酒招、帘招、招子、望子等。大多数情况下，酒旗上都会书写店肆名称、绘刻精美图案，用以吸引顾客。

第三节　关于酒的美丽传说

在中国的酒文化中，『传说』一直占据着非常重要的位置，尤其是一些历史悠久的名酒传说，它们或多或少都会附上一丝神话的色彩……

仙人曾到杏花村

在中国的酒文化中，“传说”一直占据着非常重要的位置，尤其是一些历史悠久的名酒传说，它们或多或少都会附上一丝神话的色彩。著名的汾酒的起源就与一位神秘的仙人有关。

汾酒产于汾河畔，吕梁山下，一个被杏树环绕的村庄，名叫杏花村。相传很久以前，杏花村的村民便以酿酒卖酒为生。一个寒冷的冬日，漫天飞舞着雪花，飕飕的寒风从早晨一直吹到下午，一刻也没有停歇，路上看不到一个行人。傍晚时分，村里最著名的“醉仙居”的老板正准备打烊，一个衣衫褴褛的老道从门外走进来，店老板见他冻得瑟瑟发抖，大概是冻了很久，店主没等他开口便给他倒了一大碗酒，老道一口气喝完，二话没说，出门便走。店老板的儿子见他分文未给还只字未提，便

麻姑卖酒

选自《列女图》册　（清）改琦/绘，（清）曹贞秀/书
收藏于美国纽约大都会艺术博物馆

麻姑，又称寿仙娘娘、虚寂冲应真人，是道教传说中的得道女仙。根据《神仙传》记载，其为女性，在牟州东南姑馀山（今山东省烟台市牟平区）中修道成仙。根据《墉城集仙录·麻姑传》记载：『麻姑者，乃上真元君之亚也。』她在东汉时期，应仙人王方平之约，转世投胎于蔡经家，等长到十八九岁，样貌极为美丽，自谓『已见东海三为桑田』。因此在古时候以麻姑指代长寿。民间还流传有『三月三日西王母寿辰，麻姑于绛珠河边以灵芝酿酒祝寿』的故事。

要上前阻拦，店老板急忙拦住他说，你看他衣不蔽体的样子，哪来的钱呢，随他走吧。次日，雪仍然未停，还是那个时间，老道再次来到店中，刚进门便一头栽倒。店老板忙命人将老道扶到床上去，用热酒灌醒后，端来热气腾腾的饭菜。老道吃饱喝足之后，仍是二话不说转身要走，店主见外面依然大雪纷飞，一再挽留，老道笑笑而去。第三天，老道还是冒雪而来，店主依旧烫酒烧菜，老道一口气喝光了三大碗，最后醉倒在地。店主父子见老道喝得烂醉如泥，将其扶上炕，守了一夜。第二天早晨，老道醒来之后，仍旧一言不发，直奔院中用于酿酒的井口，“哇”地一声将昨夜残酒全部吐出，一捋袖子，转身而去，这时传来阵阵酒香，舀上来一尝，井水已经变成了香醇可口的美酒。店老板这才知道自己遇上了仙人，从此，慕名来“醉仙居”买酒的人越来越多，店老板的生意也越做越红火。

几年后，店老板去世，店面由他的儿子接管。由于他整日好吃懒做，吝啬刻薄，生意眼看着败落下来。一天，老道又来到“醉仙居”，问其生意如何，回道，井水变酒水，生意倒是好，只是没有酒糟喂牲畜了。老道闻言，知道此子贪心不足，大笑三声，转身便往外走，路过井边，用袖轻轻一拂，井里的酒又变回了水。临行前，老道在墙上留诗一首：“天高不算高，人心高一梢，井水当酒卖，还嫌没酒糟！”

失掉了变酒的水井，店老板的儿子只好自己酿酒，渐渐改掉了懒惰的毛病。用这口井里的水酿成的酒，又渐渐变得香醇可口，杏花村的名字也终因此名扬四海。

一仙酿二酒——茅台酒的传说

茅台的传说至少有两个版本，其中一种与汾酒的传说十分类似：传说中，也是一位下凡的仙人，因为得到一家好心人的帮助，遂沤得井水成酒水，留下百年佳酿，供世人品尝。第二种传说则更为直接具体，认为茅台酒就是清康熙年间由一山西商人带入贵州，与杏花村的汾酒一脉相承，故而有一仙酿二酒之说。

将汾酒带入贵州的晋商名叫贾富，祖籍汾阳，从小吮吸着汾酒的清香之气长大，所以养成了嗜酒如命的秉性，即使是出门做生意也不忘带着好酒，以便在路上随时品尝。一年秋天，贾富做生意来到贵州怀仁，买卖做成了，就领人去一家叫作得月楼的酒楼喝酒，连呼店家快上好酒。谁知道，酒楼的好酒刚刚卖完，店小二只得把当地酿的怀仁烧酒端上来，招待贾富。贾富看到酒欣喜若狂，赶快倒上一杯就喝，谁知这酒刚沾唇便顿觉奇辣无比，马上吐于地上，心中失望至极。店主人觉得贾富的神色不佳，心中颇为不服，于是立即吩咐小二把平时舍不得卖的十几坛好酒从窖中搬出，挨个摆在地上，供贾富品尝。贾富站起身来，先看，后闻，再将酒轻含口中，啧了三啧，脸色依然未变。店主人见遇到了行家，忙将贾富请到上席请教。贾富说道："你的这些酒中，除了一坛储存较久，还算可以，其余的都不太地道。"店主人听贾富一语道破实情，佩服得五体投地，虚心地询问起酿造好酒的学问。贾富说："这里山水俱佳，应该有条件可以酿出好酒，等到明年这个时候，我再来时，带些人来帮你。"

贾富一行人走了之后，店主人只顾忙于店中杂事，已经渐渐忘记了当初的约定。没想到，第二年秋天，贾富真的带来了从杏花村聘请的酿酒师傅，经过一番考察，他们把制酒的地点选在了一个叫芳草村的地方（后改为茅台镇），然后选好水源，按照汾酒的酿造方法，开始了认真的操作。经多次实验，一种不同于山西汾酒的风味独特的新酒种在芳草村问世，起名为"华茅酒"（即花茅酒），意为"杏花茅台"，后来，随着酒的品质的不断提高，"杏花"二字渐渐淡出，贵州茅台成了唯一的名字。

陶女的眼睛是一口古井

古井贡酒名气虽比不上汾酒和茅台，但却有着不同寻常的血统，正如其字面上的意思，古井贡酒曾是进贡皇宫的佳品，而酿造贡酒的那口古井也正是来自传说中一位叫陶女的娘娘的眼泪。

陶女的身世十分可怜，她幼年丧母，十二岁丧父，少年时便跟着哥嫂生活在一起。十八岁时，陶女到了出嫁的年龄，却因相貌丑陋，无人提亲。这让陶女的哥哥嫂嫂非常着急，忙着四处托人说媒，可连着说了好几个，不是人家嫌她长得丑，就是她觉得人家有毛病，亲事一个都没说成。

陶女成了嫁不出去的老姑娘，哥嫂愁得没办法，又觉得陶女整天待在家里着实碍事，就不想再留这个丑妹子了。陶女知道后，主动说道："哥哥嫂嫂甭发愁了，就让我到后园里看桑树去吧。"

陶女去了桑园，她每天唱着歌儿翻土，哼着曲儿喂蚕，她救起过一只从树上掉下来的小喜鹊，还医好过一只摔断翅膀的知更鸟，后来，喜鹊和知更鸟都成了陶女的好朋友。

日月如梭，不知不觉中，陶女来到桑园已近三年。这一天，她正在园里劳作，那只获救的喜鹊"叽叽喳喳"地飞了过来，非要陶女快随它走。陶女随喜鹊来到桑园的西北角，看到一位白盔白甲的将军被敌军追赶，不幸从马上跌落，摔成了重伤，爬也爬不起，跑也跑不动，神色慌张地望着她。陶女不慌不忙地把将军隐藏在桑园一口快要枯竭的古井中，骗走了敌军，救起了将军。

后来，这位将军得了天下，成了减王，千方百计地找到陶女，要娶她做娘娘。陶女起先不允，减王便接连派人前来提亲，先后连下两道厚礼，陶女被感动了，才答应嫁给减王。

迎亲的日子很快到了，减王的花轿停在门口，等着陶女梳洗打扮。刚要洗脸，一只仙鹤衔来一片白云，陶女用它擦擦脸，脸顿时变得容光焕发；刚要梳头，一只喜鹊衔来一颗桑葚，陶女吃下，满头黄发立刻变得如乌云一样黑；刚要漱口，知更鸟衔来一粒糯米，陶女把糯米含到嘴里，牙齿马上变得洁白如玉。丑陋的陶女一下子变成了漂亮的仙女，减王高高兴兴地把陶女迎进了皇宫。

陶女和减王成了一对恩爱的夫妻，小两口夫唱妇随，共同治理国家，使天下百姓都过上了安居乐业的好日子。可是不久之后，减王死了，陶女思念夫君，坐在首次相见的桑园里，哭了整整三天三夜，泪水灌满了枯井。她从涌满泪水的井口看到了夫君的影子，便叫着他的名字跳入井中。

由陶女的眼泪汇成的井最后成了今天酿造贡酒的那口古井。

第二章 杯酒红颜

第一节　酒色亡国的『多情』帝王

成汤推翻了沉溺于酒色的夏桀的统治，建立了商朝，是中国历史上第二个奴隶制国家，成汤怎么也预料不到，几百年之后，他的后人子受辛也因同样的原因失掉了曾经风光无限的殷商王朝……

暴君夏桀

从仪狄为禹酿出醉人的酒醪开始，酒随即成为人类社会必不可少的饮品，但主要还局限于供宗庙祭祀和王公贵族享用。从奴隶社会到封建社会的转变过程中，由于君王拥有至高无上的地位，君主的意志就是法律，不受任何约束。君主实行终身制，并且世袭，所以历史上出现了许多因酒色乱政亡国的帝王。这其中最著名的两位便是公元前 18 世纪当政的夏王朝第十七任帝王姒履癸（即夏桀）和公元前 12 世纪殷商王朝的第三十任帝王子受辛（即商纣）。

夏桀是禹的第十四代孙，禹在世时，喝了一点儿仪狄酿造的美酒，便断言后世帝王一定会有人因喝了太多美酒而误政亡国。没想到他的真知灼见，竟首先应验到了自己的后裔身上。

据史料记载，夏桀身材魁梧，力量很大，空手就能搏击虎豹。即位初期，夏桀热衷于四处征战，开拓疆土，打得周围小国尽皆臣服，不断送来财物和美女，用以麻痹他的斗志。公元前 1786 年，夏桀率领大军，攻打有施部落，此部落位于今山东省蒙阴县境内。有施部落抵挡不住夏朝军队的攻击，只能忍气吞声，假装求和，献出无数的牛羊、马匹和美女，著名的妺喜就这样随着众多贡品一起来到了夏都老丘（即今河南开封）。

暴虐的夏桀初见妺喜是怎样的情形历史上似无记载，但他一开始就被妺喜征服却是一个不争的事实。从此之后，夏桀的雄心壮志荡然无存，与妺喜饮酒作乐、纵情欢娱成了他生活中的全部内容。

妺喜有一个特殊的嗜好，她喜欢听绢帛撕裂的声音，为了满足她的这一怪癖，夏桀命人将库存的绢帛成匹地搬出，令宫女撕给她听，以博美人一笑。在夏商时代，绢帛作为一种高档的丝织品，是非常珍贵的东西，平常人家是不会有的，即便是帝王也不会拥有多少，夏桀纵容妺喜至此，可见爱其之深。出于自己和妺喜享乐的需要，夏桀还大规模地盖房子，他让工匠专门建造了一个巨大的酒池，酒池的总面积折合成现代的计量单位足有五平方公里，装满美酒之后，竟能载船而行。为了填充这个酒池，成千上万的工匠被召集到京师，日夜不停地酿造，酿酒剩下的酒糟堆得像山一样高，在十里之外都能看到。每当妺喜想要寻求欢乐时，夏桀便和她乘船游荡在酒池之中，命乐师伴奏，再让三千多人趴在酒池边上，只待一声鼓响，这些人便把头伸到酒池里“牛饮”，面对这样的景象，妺喜芳心大悦，夏桀更觉得欢欣，根本顾不上去管朝中大事。宰相伊尹看夏桀如此荒淫，规劝道：“君王再不能这样搞下去了，要不亡国之祸就会

▶**脯林酒池**

选自《帝鉴图说》法文外销画绘本　（明）佚名　收藏于法国国家图书馆

根据《三国志》记载：『桀为酒池，可以运舟，糟丘足以望十里，一鼓而牛饮者三千人。』意思是说，夏桀建造的酒池，大的可以在里面行船，酒糟堆积成山，甚至在十里外的路上都能看见，击鼓（招人）一次可供三千人同时狂饮。

成汤像

选自《历代帝王圣贤名臣大儒遗像》册 （清）佚名 收藏于法国国家图书馆

成汤在鸣条（今山西省运城安邑夏县之西）与夏桀大战，最终灭夏。三千诸侯大会后，汤被众人推举为天子，在亳（今河南商丘谷熟镇西南）定都，定国号为『商』。

降临到头上。”夏桀却置之不理曰：“你不必妖言惑众啦！天上有太阳，就像人民有君王。太阳灭亡了，我才会灭亡。”伊尹见规劝无效，便辞去了在夏朝的官位，投奔到今天河南境内的商汤部落去了。

由于夏桀荒淫无度，不理政事，反对他的人越来越多，为了阻塞言路，他让手下发明了一种叫“炮烙”的刑具，设置一根中空的铜柱，把冒犯他的人用铁链绑到铜柱上，然后在柱中燃火，使犯人在烘烤中慢慢死去。一天，夏桀率领百官观看炮烙行刑，行刑间，他问大臣关龙逄：“你看着这种刑罚快乐吗？”关龙逄说：“快乐！”夏桀说：“这多么奇怪呀，你难道没有一点儿恻隐之心吗？”关龙逄说：“天下人都以为是苦的，君王你偏偏能感到快乐，我是你的臣子，怎么敢不高兴呢？”夏桀听出了关龙逄话里的不满，说道：“那就说说你的意见，要是对的话我可以采纳；要是不对，我会用刑罚来制裁你。”关龙逄说：“我看君王头上悬着危石，脚下踏着春冰。从没有头顶危石而不被危石压死，脚踏着春冰而不掉下去淹死的。”桀笑道：“你是说国家灭亡，我要同国家一起灭亡。你只知我要灭亡，却不知你就要灭亡了吗？”桀对关龙逄施以炮烙之刑，关龙逄赴火而死。

至此，残暴的夏桀大开杀戒，施尽酷刑，不仅没有使国家安宁，反而招来了更多的反抗。到了公元前 1766 年，曾遭夏桀囚禁的成汤在伊尹的辅佐下率军向夏都进发，一路大胜，最终在今山西夏县西边的黄河渡口将夏桀抓获。天上的太阳依然高挂，曾经不可一世的夏桀面对青铜的剑锋不得不低下高傲的头，惨遭放逐，饥饿而死。

成汤推翻了沉醉酒色的夏桀的统治，建立起了中国历史上第二个奴隶制国家，让他预料不到的是，几百年之后，他的后人子受辛也因同样的原因失掉了曾经风光无限的殷商王朝。

酒池肉林的快乐时光

子受辛，世人将其称为商纣王，是殷商王朝的最后一任君主，在大众的记忆中，“酒池肉林”这个典故就是他发明出来的。

殷商时期，我国的农业生产技术日渐成熟，从而使以粮食为原料的酿酒业得到了空前发展，商人一时酗酒成风。因为目睹了夏桀沉溺于酒色而亡国的惨剧，商人对饮酒的危害理解颇深。太甲继汤成为君主之后，右相伊尹曾作有《伊训》，告诫太甲，不要忘记夏桀亡国的教训，以德治民，避免因酒误国。据说太甲前两年还能认真对待此训，三年后就开始得意忘形，我行我素，最终落了个被放逐桐宫的结果。由此推断，就不

妲己害政

妲己害政

选自《帝鉴图说》法文外销画绘本 （明）佚名 收藏于法国国家图书馆

根据《史记·殷本纪》记载：『纣伐有苏，获妲己。妲己有宠，其言是从，作奇技淫巧以悦之。使师延作朝歌北鄙之音、北里之舞、靡靡之乐。造鹿台，为琼室玉门。厚赋敛，以实鹿台之财，盈钜桥之粟。以酒为池，悬肉为林，使男女裸而相逐。宫中九市，为长夜之饮。百姓怨望，诸侯有叛者，妲己以为罚轻，威不立。纣乃为铜柱，以膏涂之，加于炭火之上，令有罪者行焉。辄堕炭中，以取妲己笑。名曰炮烙。』这幅画绘制的正是『妲己害政』炮烙之刑。纣王无道为了讨好取悦妲己，听其谗言，让人铸铜为柱，柱子上涂抹油脂，下面点燃了炭火。他还在炭火上加了一根铜柱，让有罪的人在柱子上行走，铜柱又热又滑，人如何走得了，就都掉进炭火里，被活活烧死了。妲己看见，以此取乐，这个就叫作炮烙之刑。

商代兽面纹觚

商代后期饮酒器，在特殊的节日里也用作祭祀的礼器。觚体圆，喇叭形状，侈口，束腰，圈足。腰饰兽面纹，无地纹。上饰弦纹二道，下饰弦纹三道。兽面纹觚形体较小，纹饰简单，颈部较短，口沿向外伸张不大，这些都是商代前期青铜觚的特点。古人饮酒器随着文明进程的演进和冶金技艺的发展而越来越多样化，我们能以此看出古人对饮酒和酒文化的喜爱与重视。

商代乳丁纹勺（斗）

商代后期主要用作分装酒的工具。杯体的长度和宽度相同，侧面有一个把手，长度是宽度的两倍多。杯身装饰有乳丁纹和细线淡浮雕三角图案。

商代毕龟爵

商代后期祭祀活动中用于温酒的礼器。古人在饮酒时常常要把酒进行加温，使其香味、口感达到最佳的状态。这尊爵腹深而卵图底，流宽，短柱在近喉处，柱顶呈笠帽形。腹上近流处有三道弦纹，短柱之笠帽作『旋涡纹』，纹极简明。其上铸有『毕龟』二字。

商代亚丑杞妇卣

商代后期用于盛酒的容器。器盖的边缘垂直于盖顶，覆盖住器身上的子口。器身两侧双环显示该器原来有提梁，通过双环与器身相连，现在已经遗失。这件作品制作于殷墟晚期。颈盖皆饰夔文，腹饰兽面纹。这些花纹皆浮雕鼓出器表，但不见雷纹衬底。这种没有雷纹衬底的兽面纹，常见于殷墟晚期。这件文物的出土让我们可以了解到在商代已经出现了较为兴盛的饮酒文化。

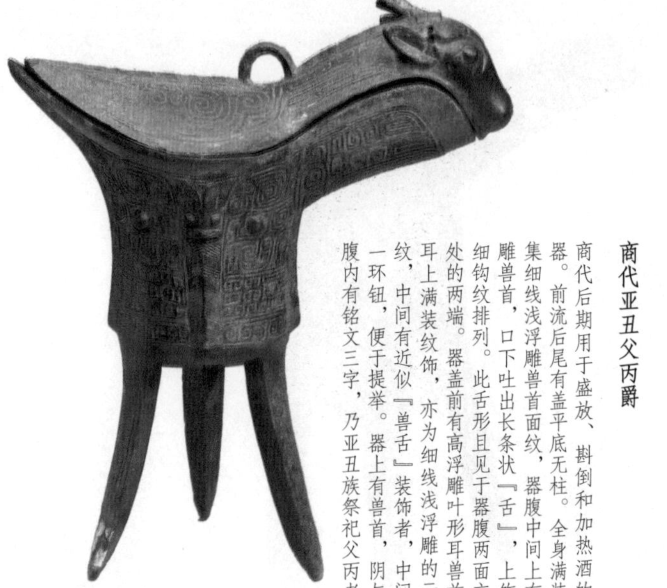

商代亚丑父丙爵

商代后期用于盛放、斟倒和加热酒的容器。前流后尾有盖平底无柱。全身满装密集细线浅浮雕兽首面纹，器腹中间上有浮雕兽首，口下吐出长条状『舌』，上饰有细钩纹排列。此舌形且见于器腹两面交接处的两端。器盖前有高浮雕叶形耳兽首，耳上满装纹饰，亦为细线浅浮雕的云雷纹，中间有近似『兽舌』装饰者，中间有一环钮，便于提举。器上有兽首，阴与盖腹内有铭文三字，乃亚丑族祭祀父丙者。

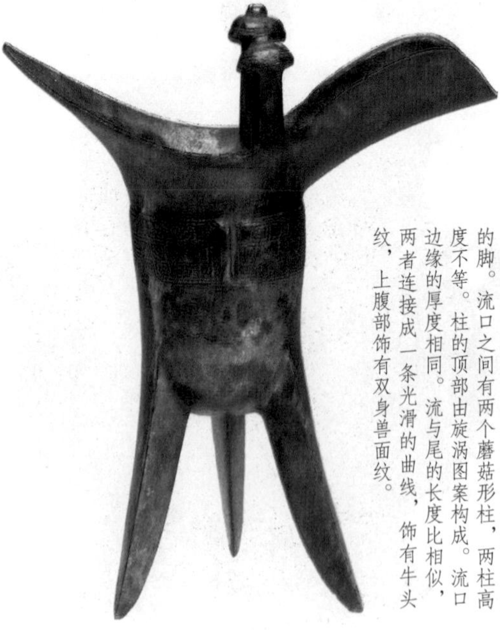

商末周初冉爵

商代后期至周代初期用于盛酒的容器。爵，直壁、深腹、圆底，有三个尖圆锥形的脚。流口之间有两个蘑菇形柱，两柱高度不等。柱的顶部由旋涡图案构成。流口边缘的厚度相同。流与尾的长度比相似，两者连接成一条光滑的曲线，饰有牛头纹，上腹部饰有双身兽面纹。

周代青铜带座卣

周代用于盛酒的酒器。周武王兵出西岐，灭纣，开创周朝天下。这件西周早期的青铜卣器盖与器身两面皆为神面，神面头有双角，双睛圆瞪，直鼻小耳，大眼暴张，龇出两颗獠牙，在威猛之中又略带笑意。

难理解为何纣王因酒色而亡国的悲剧发生在六百多年之后了。

说起商纣王，就不得不说苏妲己。苏妲己原是商朝一个名为有苏部落的酋长的女儿。

公元前1047年，商纣王发动大军，攻打有苏部落，有苏部落敌不过商纣王大军的进攻，一败再败，其首领遂将自己容貌娇艳的女儿献出乞和。坐在通往朝歌的木轮马车上，妲己丝毫没有表现出人们预料之中的悲伤，恰恰相反，她把这次意外当成了一个千载难逢的机会。这个后来掀起血腥屠杀的女子自小就充满了野心，这种性格在她后来的生活中一一得到了验证。

果然不出所料，纣王看到妲己的时候，心头一阵翻腾，不仅答应停战，还立刻将其带回后宫，立为宠妃。为博得妲己的欢心，纣王不惜重金，劳全国之力建造了一座比夏桀的瑶台还要壮观的鹿台，并学着夏桀在院中挖了一个巨大的酒池，又在酒池边的树上挂满肉块，让青年男女们脱下衣服，在肉林中相互追逐、打闹、嬉戏，尽情享受着人间欢乐。为了增加在酒池肉林中尽情享乐的氛围，纣王还找来了商朝著名乐师师涓，让他谱写音乐，命乐师在池边演奏，使整个朝歌浸淫在醉人心智的靡靡之音中。在迷醉酒色的同时，纣王还以其残暴的本性闻名于世，在他和妲己喝酒玩乐的时候，只因烹制酒菜的厨子未将菜做熟，立马就将其杀害了。有一年冬天，纣王和妲己正在鹿台上豪饮，看见一位乡人赤脚蹚过冰冷的河水。妲己感到奇怪，认为一定有什么不正常的地方，便让纣王命人将其腿脚敲碎，以探究竟。还有一次，纣王和妲己酒酣之际，忽然对孕妇产生了兴趣，想知道胎儿在腹中的情况，竟然下令将怀孕的女子的肚子剖开。群臣对纣王的所作所为十分担心，纷纷出面劝阻，各地的诸侯也怨声载道。对此，纣王不但不从自己身上找毛病，还责怪群臣破坏了他的清静。大臣比干不忍殷商江山就此沦陷，便多次进谏，纣王竟以观看比干的心是否有七窍为由，将其剖腹。对于他认为存有异心的臣子，纣王的惩罚可谓骇人听闻，在妲己的授意下，他还专门造了一个铜的大熨斗，里边烧火，逼迫犯了罪的人徒手举起，受此刑罚的人还没来得及抬起，便已肌肉焦烂，哀号连连，模样惨不忍睹。

在纣王的打击迫害下，朝歌再也没有人敢提出不同意见，纣王和妲己得以毫无顾忌地寻欢作乐。有一次，后宫嫔妃集体奉纣王之命狂饮七天七夜，竟忘记了时间，问遍宫中之人，没有一个能回答出来。纣王于是派人去问叔父子胥余，子胥余感叹道："为天下主而一国皆失日，天下其危矣；一国皆不知而我独知之，吾其危矣。"为了让纣王相信他也不知道，子胥余只好装作烂醉如泥。殷商就这样乱到了极致。

公元前 1122 年，早已窥视商王朝多年的周武王姬发见时机成熟，率兵渡过黄河，发兵逼近商王朝首都朝歌（即今河南淇县）。殷商军队临阵倒戈，纣王放火烧毁了自己与妲己寻欢作乐的鹿台，结束了这段畸形的爱情。

千古『情种』陈叔宝

与夏桀和纣王的暴虐相比，中国古代另一位多情帝王陈叔宝要温和得多。这位自封为“无愁天子”的陈朝后主执政时间不长，似乎没做什么让人厌恶的坏事，唯一的嗜好就是与美人相拥，饮酒寻欢作乐，是一个地地道道的“情种”。

陈叔宝是经过一场血腥的宫廷政变才登上皇帝宝座的，在这次政变中，他基本上全程处于被动地位。其父陈宣王临死之前，陈叔宝就已被立为太子了，是既定的皇位继承人，只是因为其二弟陈叔陵想要抢夺皇位，并在其父亲的棺椁前刺伤了他，他才被迫卷入这场争斗。这场兄弟相残的另一主角是他的四弟陈叔坚和大将萧摩诃，陈叔宝由于受伤在家，基本可以算作是一个懵懂的看客。直到大局已定，成功登上帝位，陈叔宝才开始逐渐体会到做皇帝的美好，他可以拥有许多喜欢的女人，做任何想做的事情，谁也不敢多说什么，他很喜欢做这样的酒色皇上。

陈后主陈叔宝像

选自《古帝王图》卷（唐）阎立本/原作 此为宋人摹本 收藏于美国波士顿博物馆

陈叔宝，南朝陈末代皇帝。他还给后世贡献了两个成语：『落井下石』和『全无心肝』。『落井下石』即为正文所载故事。『全无心肝』出自：隋文帝杨坚对陈叔宝非常优待，允许他以三品官员的身份上朝，还经常请他吃饭，生怕他伤心，甚至连江南的音乐也不演奏。然而，这位后主却从未将国家灭亡的痛苦放在心上。有一次，监守他的人向隋文帝报告说：『陈叔宝表示他身无秩位，不便入朝，想得到一个官衔。』文帝叹道：『陈叔宝全无心肝。』

刚登基的时候，陈叔宝还是会在朝堂上假装处理一些国事，摆一些皇帝的样子。不久之后，他就基本不理朝政，只愿意整天沉湎在美酒和美女之中了。他最喜欢举行宫廷宴会，经常邀请最有名的诗人在宴会上与他最宠爱的八个妃子饮酒赋诗，互赠礼物。在八位姬妾中，陈叔宝最宠爱以一头长发闻名于后世的张丽华和年轻漂亮善解人意的孔贵妃。在张丽华的授意下，陈叔宝废太子陈胤，册立她的儿子陈深为新太子。此后，天降黄雨、陨石坠炉等奇异事件在南陈接连上演，陈叔宝虽然认为这些现象可能是老天对自己随意废立太子之事的惩罚，但因不忍让张丽华失望，宁愿自己卖身佛寺去做法事，亦不肯回心转意。公元588年，隋文帝杨坚以晋王杨广为元帅，率兵五十一万攻打南陈，陈叔宝得到消息时正在花园赏花饮酒，他不相信隋军能横渡长江天险，攻入南陈领地，还责怪报信的士兵败了他与张丽华赏花的雅兴，喝退来者，继续沉浸在花香和酒香之中。

第二天一早，前线传来更坏的消息：隋将韩擒虎横渡长江，正向南陈都城建康（即今南京）攻来。陈叔宝这才急了，急命大将萧摩诃出城迎敌，并承诺要把萧家人接入皇城，赏爵封官。萧摩诃率兵离开建康，正在前方布阵迎敌时，接到家丁来报，说其夫人一进宫就被陈叔宝看中，已有数日回不了家了。萧摩诃听后勃然大怒，再无备战之心，陈军当即败下阵来。

公元 588 年，隋军攻入建康，陈叔宝在金殿之上听到敌人入城的消息时，第一个想到的还是两个宠妃。他立即跑回后宫，带着张丽华和孔贵妃躲进景阳宫的一口枯井里。隋军入宫搜索到井边，呼唤良久不见应答，扬言要向井中投掷石头，这时陈叔宝才大喊饶命。于是，隋军抛下绳索，让陈叔宝系好绳子，准备拉他出来，拉的时候，感觉异常沉重，以为是个胖子，等到了井口才发现，除陈叔宝外，这根绳子上竟还同时拴着张丽华和孔贵妃。

这就是典故“一绳三人”的由来，已到亡国灭身之时，陈叔宝竟然还有怜香惜玉之心，这般多情堪称古今之最了。

醉生梦死的闽帝

五代十国时期的闽国皇帝王延曦是中国历史上又一位嗜酒如命的皇帝，他的恣意妄为和嗜酒无度，绝对可以在荒唐帝王的行列中占有一席之地。从其饮酒的行为风格来看，身为帝王之尊的他只要一端上酒杯，便更像是一个十足的市井酒鬼。

公元 939 年，王延曦在连重遇等人的帮助下推翻康宗帝王继鹏登上皇位，开始了其短暂的执政生涯。执政伊始，王延曦便暴露了他残暴的本性。他先后除掉了自认为可能对其皇位构成威胁的宰相杨沂丰和亲生儿子王继业、王继严，以血腥的手段树立起自己的绝对权威。此后，这位胸无大志的帝王便放心地开始享乐，纵情畅饮几乎就成了他生活中的主要内容。据史书记载，王延曦嗜酒之深在历代帝王中非常罕见，他喜

请酒

选自《陶冶图》卷（清）王致诚/款
收藏于中国香港海事博物馆

画面描绘了商人举行宴会招待广东客商。房子用当地的彩色瓷器装饰，包括宴会桌上的碗、盘子和花瓶。

欢通宵达旦地喝酒，而且要喝到极致，不醉不罢休。每次举办宫廷酒宴时，王延曦都要让心腹之人担任酒监，不管是王孙贵族还是朝中重臣，他说喝多少就必须喝多少，喝不下就由酒监来硬灌，敢推辞者一律处死。于是，在当时的都城长乐（即今福州），赴皇帝的御宴简直成了天下最可怕的事。

宰相李光准是王延曦的宠臣，同时也是一个酒量极大的酒鬼，王延曦最喜欢与他对饮。一天晚上，李光准正在家中会客，王延曦的侍臣急匆匆赶来，说皇上让他即刻进宫。李光准以为有什么国家大事要商量，来不及穿戴整齐，便匆匆赶进宫中，去了才知道，只是王延曦的酒瘾犯了，想和他喝喝酒。酒宴摆开后，君臣推杯换盏，喝得酩酊大醉。醉意蒙眬中，王延曦硬是说李光准比自己少喝了一杯，李光准借着一股酒劲不肯承认，双方大声争论起来。争论之间，王延曦见李光准死不认账，不由勃然大怒，喝令殿下的侍卫将李光准推出去斩首。沉醉中的李光准被拖

纵酒妄杀

选自《帝鉴图说》法文外销画绘本　（明）佚名　收藏于法国国家图书馆

南北朝时期北齐开国皇帝文宣帝高洋酒醉后以杀人为乐，宰相杨愔见劝谏无效，提前挑选死囚犯供其选择。再到后来，高洋喝醉的次数愈加频繁，以至于死囚竟供应不上，于是就用尚在牢狱但还未判死刑的囚犯充数，这种囚犯被称作『供御囚』。无论皇帝走到哪，他们就要跟着被带到哪，如果能幸存三个月，无论犯什么罪都可以无罪释放。

出了午门，监斩官知道了事情的原委后，心想，皇上就爱与李大人对饮，杀了李大人，皇上找谁喝酒去，没准皇上明天酒一醒就会叫李大人，便将他悄悄带回狱中。第二天一早，王延曦一醒就要找李光准喝酒，便询问一旁伺候的内侍，内侍忙将详情回禀，李光准这才得以从狱中出来。

就在李光准获释回家的当晚，酒意还未完全消退的王延曦又召集了一些大臣开怀畅饮。王延曦喝酒，历来是陪酒的必须大醉，否则就是不忠。席间，只有翰林学士周维岳未醉，便被王延曦认为其不忠，下令将其囚禁。这回，狱卒们也都知道了王延曦的毛病，便恭恭敬敬地把周维岳迎进收拾得干干净净的牢房之中，说："这是昨天宰相住过的房间，请大学士暂且住上一夜吧。"果然，第二天一早，王延曦便让人把周维岳放了出来，还说："我还等着他一起喝酒呢，怎么能让他待在牢里呢。"

李光准和周维岳在一场虚惊后幸免于难，但有些人就没那么幸运了。一日，王延曦的侄子王继柔同群臣一起参加皇叔的宴会，王延曦特意让人找了一个最大的酒杯给侄子。王继柔酒量有限，不敢喝得太多，便趁人不备悄悄倒了一些。王延曦发现后，当即下令将其斩首，任何人说情都不管用。从此以后，再也没有人敢在王延曦的酒宴之上要花样了。

指挥使朱文进、魏从朗及连重遇等人，都是帮助王延曦登基的功臣，按理来说，他们应该受到特别的关照才对，但一上酒宴就没有了特权。在一次酒宴上，魏从朗不小心犯了一个忌讳，王延曦便毫不留情地杀死了他，接着又在酒话中流露出了对朱文进及连重遇的不信任。朱连二人在酒席中得知了皇上的疑惑，开始为自己的处境担忧起来，经过合谋之后，他们决定抢先下手，像推翻康宗帝那样将王延曦除掉。

公元 944 年 6 月，王延曦酒后驾车回宫。早已得知消息的朱文进与连重遇提前派人设下埋伏，在半道将一向喜欢醉酒杀人的皇帝趁醉斩杀。一年后，经数度折腾的闽国终于覆灭在了南唐战马的铁蹄之下。

相关链接

酒德和酒礼

酒德就是饮酒之德，中国儒家历来提倡酒德。因为有了夏桀和商纣等君主因酒误国，“酒德”二字在历代权贵心中的分量便显露无遗，不要像夏商亡国之君那样“颠覆厥德，荒湛于酒”，是他们对后代的要求。“饮惟祀”（只有在祭祀时才能饮酒）、“无彝酒”（不要经常饮酒，平常少饮酒，以节约粮食，只有在有病时才宜饮酒）、“执群饮”（禁止百姓聚众饮酒）、“禁沉湎”（禁止饮酒过度）是《尚书·酒诰》的基本观点，同时也是儒家治国安邦的正统观点，它虽然未被统治者完全接受和传承，但也产生了深远的影响，历代君王出台的禁酒令大多由此而生。

酒礼是一种在远古时代就形成的人人必须遵守的礼节，它是为了避免人们因饮酒过量滋生事端，同时为弘扬尚礼之风而制定的饮酒规则。按酒礼的要求，宾主共饮时，要相互跪拜。晚辈在长辈面前喝酒，叫侍饮，通常要先行跪拜礼，然后坐入次席。长辈命晚辈饮酒，晚辈才可举杯；长辈酒杯中的酒尚未饮完，晚辈也不能先饮尽。古代饮酒的礼仪约有拜、祭、啐、卒爵四个步骤。即先做一个拜的动作以示尊重；接着把酒倒出一点儿在地上，祭谢大地生养之德；然后尝尝酒味，并加以赞扬令主人高兴；最后仰杯而尽。主人在酒宴上要向客人敬酒（叫酬），客人要回敬主人（叫酢），敬酒时还可以说上几句敬酒辞。客人之间相互也可敬酒（叫旅酬），有时还要依次向人敬酒（叫行酒）。敬酒时，敬酒的人和被敬酒的人都要“避席”起立，以示敬重。

第二节　薄酒一杯红颜去

在中国历史上，与酒相关的爱情故事大多以悲剧结束，如果既有酒与爱情，又有英雄佳人，其悲剧色彩则会更为浓郁……

醉人的虞歌

在中国历史上，与酒相关的爱情故事大多以悲剧结束，如果既有酒与爱情，又有英雄佳人，其悲剧色彩则会更为浓郁。霸王别姬就是这样一则凄婉而又悲壮的爱情故事。

楚霸王可谓是人尽皆知的盖世英雄，而虞姬的知名度则相对较低，有关她的资料也少得可怜，甚至连个完整的名姓都没有被留下来。据说，虞姬的老家在今天的江苏省吴县，秦时吴县属虞地，故被称为虞姬。虞姬幼时与别人家的女儿没有什么不同，只因生得貌美，才气十足，在当地小有名气。公元前 209 年，项羽帮助叔父项梁杀死会稽太守，占据了吴县一带的大部分地区，这个时候，项羽看中了相貌出挑、才艺出众的虞女，正式纳她为爱姬，从而使虞姬成为了历史舞台上一个重要的存在。此后，虞姬深得丈夫宠爱，成了项羽身边一个形影不离的伴侣。尤为可贵的是，她虽是项羽跟前的红人，但是她虚心谨慎，从没有像其他女人

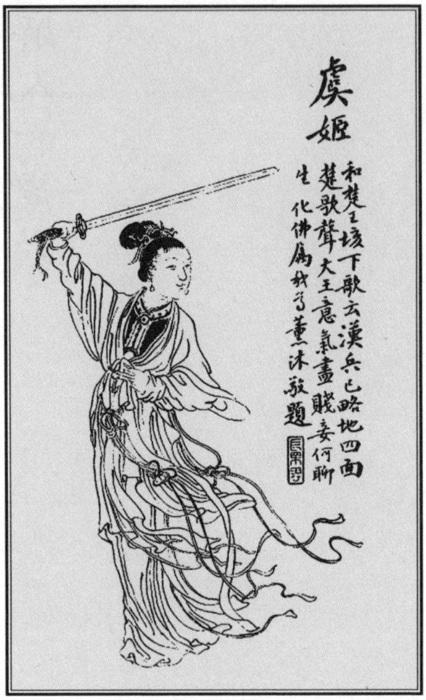

虞姬像

选自《中国名人画史》佚名 收藏于伊利诺伊大学厄巴纳－香槟分校

虞姬，楚汉之争时期西楚霸王项羽的爱姬，曾在其四面楚歌、走投无路之时陪伴在其身边，作《和项王歌》：『汉兵已略地，四方楚歌声。大王意气尽，贱妾何聊生。』

那样干涉过政事，“愿得一人心，白首不相离”，便是她此生唯一的追求。项羽势力渐起，拥楚怀王十三岁的孙子熊心为王，接连拿下位于今山东省阳谷县东北的东阿和位于今河南省滑县东北的濮阳，歼灭秦军数万，接着攻下位于今山东省菏泽市南的定陶,之后乘胜追击，将秦朝大将章邯收降，与沛县起兵的刘邦一起推翻了秦王朝的统治，自封为楚王，可谓英雄盖世。随着秦朝的彻底灭亡，项羽与刘邦的争斗逐渐成为主流。刘邦屡战屡败，却毫不畏惧，倚仗着张良、萧何及韩信等一干忠臣良将，一直伺机翻盘。公元前 202 年，项羽与汉王刘

楚霸王项羽像

选自《历代帝王圣贤名臣大儒遗像》册（清）佚名 收藏于法国国家图书馆

项羽，名籍，字羽，自立为西楚霸王，与刘邦征战中原，最终被困垓下，夜里周围楚歌四起，军心涣散，突围至乌江边，拔剑自刎而死。根据《史记》记载：『项王夜起，饮帐中。有美人名虞，常幸从。骏马名骓，常骑之。于是项王乃悲歌慷慨，自为诗曰：「力拔山兮气盖世！时不利兮骓不逝！骓不逝兮可奈何！虞兮虞兮奈若何！」歌数阕，美人和之。项王泣数行下，左右皆泣，莫能仰视。』

邦在位于今安徽省灵璧东南的垓下展开决战，陷入十面埋伏之中。经连日激战，楚军兵少食尽，将士们疲惫不堪，饥饿难挨。一天夜里，楚营四周忽然响起楚国老家的歌谣，楚军一时人心惶惶，斗志全无。坐在军帐之中，听着熟悉的楚歌，霸王项羽不由得怆然泪下。这个时候，虞姬走了进来，命人备下酒菜，与项羽对饮。项羽情不自禁地吟出了“力拔山兮气盖世，时不利兮骓不逝。骓不逝兮可奈何！虞兮虞兮奈若何”的悲壮诗句。

虞姬知道，项羽已到了危险的境地，她不忍夫君明日作战时为自己所累，早下了赴死的决心。那虞姬趁着酒酣之时，最后一次为项羽舞剑放歌，随后横剑自刎。面对失去爱姬之痛，已觉无颜见江东父老的项羽彻底失去了求生的欲望。痛哭之后，项羽就在虞姬身体倒处，掘土成墓，将其安葬。

第二天早晨，项羽带着仅存的几十名将士在乌江岸边左右冲杀，又消灭汉军数百人之多，最终寡不敌众，拔剑自刎，一代英雄追随自己的爱侣走完了人生的最后一段路。

贵妃醉酒为何人

“贵妃醉酒”是中国历史上又一个佳人与酒的经典故事。故事中的主人公杨贵妃本名杨玉环，生在四川，长于河南，后移居今山西省永济县，从小聪明、警颖，姿色出众、才艺超群。十五岁那年，杨玉环被唐玄宗的儿子寿王李瑁选中，成为寿王妃，开始步入宫廷生涯。进王府五年后，寿王的母亲武惠妃去世，失去爱妃的唐玄宗因此郁郁寡欢。武惠妃死去三月，恰逢唐玄宗生日，嫔妃、儿女及文武大臣都来祝贺，玄宗勉强应付，心不在焉。轮到儿女们行礼时，寿王身边一个王妃打扮的女子忽然让他眼前一亮，那女子清纯丰满，美丽可人，令玄宗一扫多日的惆怅。站在玄宗身侧的太监高力士看到了这一切，知道自己表现的时候到了。很快，在高力士的操纵下，杨玉环经历了出家为道的风风雨雨后，正式入宫为妃，嫁给了唐玄宗。

初入宫之时，杨贵妃便使后宫众佳丽相形失色，成为唯一能牵动玄宗喜怒哀乐的女子。“承欢侍宴无闲暇，春从春游夜专夜。后宫佳丽三千人，三千宠爱在一身。金屋妆成娇侍夜，玉楼宴罢醉和春”的诗句正是当时杨贵妃与唐玄宗缠绵情愫的真实写照。在传说中，唐玄宗对杨贵妃的恩宠简直到了荒唐的地步，因杨贵妃爱吃荔枝，以保其颜色和味道的新鲜，玄宗命人找来最好的骑手，以快马接力的方式将这种产自广东的水果运回长安。一次，杨贵妃不知因何惹恼了唐玄宗，被玄宗送回到她哥哥杨国忠那里思过。不料送走没多久，唐玄宗便开始失魂落魄，寝食难安。高力士看出端倪，主动提出送给杨贵妃一筐南方刚进贡的荔枝，使二人早日见面。杨贵妃看到送货的宫使，不由泪眼涟涟，剪下一缕秀发以表思念之情。唐玄宗见得秀发后伤心欲绝，马上派高力士接回了爱妃，恩爱更胜从前。

经历了短暂的分离后，唐玄宗对杨贵妃的恩宠到了无以复加的地步，她的三个姐姐分别被封为韩国夫人、虢国夫人和秦国夫人，与其一道享尽荣华富贵，她的两个哥哥也得中高官，杨家势力在长安日渐强大，甚至超过了一些传统的王公贵族，而这也遭到了许多人的忌妒。尽管得到君王如此的宠爱，杨贵妃还是时不时地会为情所困。唐玄宗虽说年事已高，但风流之性情却不输少年，时常会抛下杨贵妃另寻新欢。一天，唐玄宗与杨贵妃约好到百花亭饮酒赏月，杨贵妃高高兴兴地前往赴宴，不料玄宗临时改变主意，去了梅妃宫中。独自面对明月，杨贵妃不由得大为伤感，只得给自己倒酒来排遣心中的压抑和寂寞，度过了一个冷清的月夜。自此，杨贵妃明白了自己在君王心中的真正地位，对“在天愿为比翼鸟，在地愿为连理枝”的密誓开始产生了些许的怀疑。

在唐玄宗终日醉酒淫色之时，颇受他信任的平卢节度使安禄山起兵造反，攻打长安。唐玄宗在杨国忠的劝说下，由大将军陈玄礼所部二千五百余人护驾，带着杨氏兄妹及部分皇室成员，丢下百官和长安百姓逃往四川。三天后，队伍行至一个叫马嵬驿的地方，突然发生兵变，士兵将杨国忠及杨贵妃的几个姐姐杀死，围住驿馆大声呼喊。玄宗被众人喊出，问，所为何事。陈玄礼说：“杨国忠要谋反，被士兵们杀了，现在皇上将贵妃留在身边很危险，请您忍痛将她一并处死吧。”玄宗虽然一再为杨贵妃分辩，但恨透了杨氏兄妹的将士们根本不理会，善于随机应变的高力士此时也不敢再替杨贵妃说话。看着眼前的局面，玄宗知道自己没有能力改变时局，便示意高力士端着装有酒和白绢的盘子走进了杨贵妃的房间。曾为情买醉的杨贵妃最后一次喝下了玄宗赐予的御酒，用白绫自尽身亡。这一年，她刚好三十六岁。

贵妃醉酒

天津杨柳青年画。唐明帝和杨贵妃约定第二天在百花亭设宴。如期，贵妃先至，备齐酒宴，坐候驾至。等了很长时间，玄宗却迟迟未到。贵妃命宫女前去密探，回报圣驾已去西宫的江贵妃（梅妃）那里。贵妃恼恨，独自喝酒，不觉已醉。当时太监高力士、裴力士正侍于两旁，于是扶贵妃回宫而去。

乡野酒女也醉君

自古君王爱美人，所以才有不少风流倜傥的多情帝王，有的甚至为此终日泡在后宫，连朝政都懒得处理，以至落得一个荒政误国的结果。在宫中待得久了，有些皇帝还会追求与众不同的爱情滋味，明武宗皇帝就曾留恋塞外酒肆，与乡下卖酒女李凤姐上演了一段短暂却美好的生死之恋。

明武宗与李凤姐的相识要从一段朝中大事说起。武宗登基时，太监刘瑾倚仗太后的宠爱，大权在握，为所欲为，使得朝政大乱。后来，武宗在朝中一班忠臣良将的支持下，将刘瑾诛杀，才稳定了局势。明武宗这一做法虽说对国家有益，却让皇太后感到了威胁。为了控制皇帝，太后授意皇后利用夫妻之便监视武宗。当时，太后掌控着东厂、西厂及锦

明武宗坐像

选自《历代帝后像》轴　佚名　收藏于中国台北『故宫博物院』

明武宗正德皇帝朱厚照，明朝第十位皇帝。明武宗喜微行，委政江彬、刘瑾等小人，导致阉党专权，朝纲日渐败坏。有一天，他来到梅龙镇，乔装成军官模样，投宿在李龙家。李龙家只有兄妹二人，以开酒馆为生。李龙正好有事外出，嘱妹凤姐招待一切，武宗见凤姐样貌风华绝代，立马就有轻佻之味，于是呼茶唤酒，借此来戏弄她。凤姐又害羞又生气，武宗益心醉神迷，于是便将自己的身份以实告之。凤姐不信，武宗解去外衣，露出龙衮。凤姐大惊，跪下来乞求原谅。武宗笑着安慰她，封凤姐为妃。此为『游龙戏凤』的故事。

衣卫等有实力的武装机关，使得武宗在朝中根本没有挑战太后的机会。为了削弱太后的影响，巩固自己的权力，武宗与驻守山西大同的将领江彬合谋，将宣府、大同、辽东等地的兵力调往北京，使皇位得以无忧。局势稳定之后，武宗又思美人，但因监视之事早已对皇后颇为反感的他，这时根本不想去后宫寻找欢乐。在江彬的建议下，明武宗“微服私访”，来到了江彬在宣府专门为他修建的镇国府第。

明代捧茶壶的侍女

釉面陶器。

正德十二年深秋的一天，已来到宣府多日的武宗独自外出赏秋，不觉间来到了城外的梅龙镇上。在一家生意兴隆的酒肆门前，他忽然发现了一位美丽异常的沽酒女子，不由眼前一亮，立即走入了店中。

那个漂亮的酒女正是典故“游龙戏凤”中的李凤姐。看到有客人进来，李凤姐立即过来奉上酒菜，热情招待。看着李凤姐俊俏的身姿和娇美的容貌，武宗早已不能自持，心思哪还在酒菜之上，随即开起了玩笑。李凤姐既不敢得罪这位看似颇有来头的贵宾，又坚守着男女授受不亲的古训，只能婉言拒绝，虚与

古人的婚俗

在古代，“婚姻”二字写作“昏因”。男子在黄昏时迎接新娘，而女子因男子而来，所以叫作“昏因”。《诗·郑风》：“婚姻之道，谓嫁娶之礼。”《毛诗注疏》：“男以昏时迎女，女因男而来。嫁，谓女适夫家；娶，谓男往娶女。论其男女之身，谓之嫁娶，指其合好之际，谓之婚姻。”

▲《新人拜高堂图》（清）佚名

►《新郎拜长辈图》（清）佚名

◀《新娘拜长辈图》（清）佚名

▼《闹洞房》（清）佚名

应付，不料一来二去，竟对武宗有了好感。后来，武宗道出自己的身份，男女之间两情相悦，李凤姐被一驾銮舆接入了镇国府第之中，与武宗朝夕相处，感情越来越深。

正当明武宗与李凤姐在塞外双宿双飞的时候，因皇帝的不辞而别导致朝廷大乱，大臣们纷纷上书，恳请武帝回京主持政事。武帝沉醉在与李凤姐的温柔乡中，对回京之事能拖就拖，根本就没有回去的打算。这种情况下，李凤姐明知武宗回京后可能对自己不利，仍然劝其以国事为重，尽快回京执政。正德十三年初春，在凤姐的劝说下，明武宗终于踏上了回京的征程。一天傍晚，大队人马行进到离京城很近的居庸关，守城将士特意点起排排火把，为皇上照明。在熊熊火光的照射下，关边的四大天王石像神色狰狞，凤姐惊魂一瞥竟在关前晕倒，并于次日清晨辞世而去。

李凤姐死后，明武宗悲痛欲绝，下葬时特用黄土封其墓顶，以示皇室身份。谁知，第二天一早，封墓的黄土竟全都变白了。民间传说这是李凤姐不愿受此虚名，故以墓土颜色的变化示君。明武宗的这段宫外情缘因此成了一段没有名分的风流韵事。

相关链接

婚姻与酒

结婚是人生中的一件大事，婚礼前后都会举行许多具有象征意义的仪式，其中与酒相关的习俗有：

“会亲酒”：订婚仪式时要摆的酒席，喝了“会亲酒”，表示婚事已成定局，婚约生效，此后男女双方不得随意退婚、赖婚。

“交臂酒”：婚礼之上夫妻二人共同协作完成的一次饮酒过程，要求夫妻双方各执一杯酒，手臂相交各饮一口，以示恩爱。

“交杯酒”：在古代又称为“合卺”（卺的意思本来是将一个瓠分成两个瓢），是用彩丝连接两个酒杯，并系成同心结之类的彩结，夫妻互饮一盏或夫妻传饮。取“我中有你，你中有我”之意。

“回门酒”：结婚的第二天，新婚夫妇要“回门”，即回到娘家探望长辈，娘家要置宴款待，俗称“回门酒”。“回门酒”只设午餐一顿，酒后夫妻二人必须要在日落之前赶回家中。

“谢亲席”：满族的一种婚庆仪式，在婚礼前后，男方将准备好的一桌酒席放在特制的礼盒中，由两人抬着送到女方家中，以表示对亲家养育了女儿给自家做媳妇的感谢之情。另外，还要做一桌“谢媒席”，装在一个圆笼里，由一个人挑着送到媒人家，表示对媒人成全好事的感激之情。

“接风酒”和“出门酒”：达斡尔族婚礼，送亲的人一到男方家，新郎父母要盛两杯酒，向送亲人敬“接风酒”，这也叫“进门盅”，来宾把酒都喝掉，以表明是一家人。之后，男家要摆三道席宴请来宾。婚礼后，女方家较远的，送亲的人要在新郎家过夜，次日启程。在送亲人回去时，新郎父母都恭候在门旁内侧，再向他们一一敬酒，是为“出门酒”。

“喜酒”：一般来说是为参加婚礼的宾客准备的，往往是婚礼的代名词，置办喜酒即办婚事，去喝喜酒，也就是去参加婚礼。

陆游和唐婉是与李清照和赵明诚同时代的又一对才子佳人，与其经历相似，他们的爱情故事也透着一丝凄美的味道……

第三节　酒香中的凄婉与美丽

人比黄花瘦的李清照

“薄雾浓云愁永昼，瑞脑销金兽。佳节又重阳，玉枕纱橱，半夜凉初透。东篱把酒黄昏后，有暗香盈袖。莫道不消魂，帘卷西风，人比黄花瘦。”

这是宋代著名女词人李清照的代表作，词中表达了她酒后孤独寂寞、思念丈夫的真实心境。正如词中所表达出的情调一样，李清照的爱情也充满了凄美的意境。

公元 1084 年，李清照出生于山东济南，十八岁时嫁与太学士赵明诚为妻，度过了短暂的夫妻恩爱时光。随后，赵明诚外出做官，李清照留在家中，开始了孤独的两地分居生活。分居期间，思念丈夫的李清照以酒消愁，写出了许多优美的诗词，上边提到的那首《醉花阴》就是写于这一时期。《醉花阴》写就，李清照专门托人带给了赵明诚，赵看过之后，不禁为妻子的文采所折服。为了同妻子一争高下，赵明诚把自己关在屋里三天三夜，一口气写下了五十首诗词，然后把所有的诗词与李清照的那首词放到一起，拿给一位朋友评判。朋友看过之后，一下子就从中挑出了那首《醉花阴》，认为这些诗词中唯有“莫道不消魂，帘卷西风，人比黄花瘦”三句最好，这一结果让一向自负的赵明诚颇为感叹。

虽然出生在官宦之家，赵明诚的仕途并不顺畅。由于父亲赵挺之与岳父李格非先后得罪了权臣蔡京，赵明诚在官场上经常受到排挤。赵挺之死后，感到前途暗淡的赵明诚携妻回到故乡青州，潜心于金石书画的挖掘研究。为了帮助丈夫寻找古代字画文物，李清照节衣缩食，把所有的财力都放到了金石研究当中。每当购得一帖罕见的古书名画，夫妇二人便一起校验鉴赏，其乐无穷，生活一点儿也不比锦衣玉食的时候差。不幸的是，由于社会动荡，这样的好日子并没有持续多久。不久之后，金兵南下，攻战了山东全境，李清照不得不随赵明诚一起逃回南方。来到南方后，赵明诚被高宗赵构封为湖州太守，可惜还未上任便一病不起，于建炎三年去世。赵明诚死后，悲痛万分的李清照带着遗留下来的书画及金石碑帖，先后流亡于绍兴、金华、宁波和温州，并在流亡期间将赵明诚研究金石所著的遗稿一一校正抄录，并做了多处增补，均以细宣工楷誊写出来，完成了这一有益于后世的著作。

亲手实现了丈夫的遗愿后，孤独漂泊异乡的李清照更加思念旧日时光，与赵明诚相濡以沫的情景时时会浮上她的心头。在一个忧郁的傍晚，李清照对着萧瑟的风儿独饮欲醉之时，写下了那首著名的《声声慢》：

《李清照像》
（清）崔错　收藏于北京故宫博物院

李清照非常爱酒，其程度之深丝毫不亚于李白、苏轼等人。在李清照所留下为数不多的四五十首诗词中，大约有十六首都提到了酒，占了近三分之一，这意味着李清照离不开酒，她是一个真正的酒中人。

寻寻觅觅，冷冷清清，凄凄惨惨戚戚。乍暖还寒时节，最难将息。三杯两盏淡酒，怎敌他，晚来风急。雁过也，正伤心，却是旧时相识。满地黄花堆积，憔悴损，如今有谁堪摘？守着窗儿，独自怎生得黑。梧桐更兼细雨，到黄昏，点点滴滴。这次第，怎一个愁字了得！

此时，距离赵明诚去世，已经过去了几十年时间。

黄縢酒中的哀怨

陆游和唐婉是与李清照和赵明诚同时代的又一对才子佳人，与其遭遇相似，他们的爱情故事也透着一丝凄美的味道，只是这种凄美比李赵更为残酷。

陆游的故乡在今天的浙江绍兴，因金人南侵，父母从家乡出逃，把他生在了淮河的一条小船上。略懂事后，陆游便开始跟随父亲学习诗文，并表现出过人的天赋。这期间，他与表妹唐婉相识，度过了青梅竹马的少年时光。随着年龄的不断增长，陆唐二人渐生情愫，经常通过诗歌表达爱意，成为一对人见人羡的爱侣。对俩人的爱情，家人不仅没有提出反对，还非常支持，认为亲上加亲是天生的良缘，很快就用一只凤钗为信物，为他们定下了亲事。

陆游像

选自《古圣贤像传略》清刊本　（清）顾沅/辑录，（清）孔莲卿/绘

陆游比他的前辈们更喜欢喝酒，他还喜欢把酒写进诗里，自言『酒惟诗里见』。因此在《剑南诗稿》中，时常有咏酒诗、饮酒诗、醉酒诗。陆游饮酒是有讲究的，淡酒不过瘾，也无法疏通他胸口的堵塞。他说：『薄酿不浇胸垒块，壮图空负胆轮囷。』（《夜登千峰榭》）他也说：『酒尽聊凭折简求，不知人要博凉州。』（《比从人觅酒皆酸薄戏作此诗》）

几年以后，成年的陆游和唐婉在家人的主持下举行了婚礼，成了一对正式的夫妻。因过于恩爱，陆游这时已完全放弃了科考的念头，每天只顾沉湎于二人世界里，对外部的一切都不再感兴趣。陆游的这种状况让家里人非常焦急，母亲更是多次对媳妇唐婉大加指责，让她劝说陆游跳出儿女情长，全身心地投入到科考的学习中去。由于几次劝说无效，陆母开始求助于神灵，她特意来到郊外的尼姑庵，为儿子和媳妇算了一卦。谁知卦签上说唐婉与陆游八字不合，将来必有性命之忧，陆母大吃一惊，回来便让陆游休掉媳妇。在当时的社会，父母之命是绝对不能违背的。陆游虽然深深地爱着唐婉，却也不能自己做主，只得含泪写下休书，将唐婉赶出家门，但私下在外边为其租了一套房子，暗自把唐婉养了起来。陆母得知此事，立马给陆游另续妻房，断绝了二人复合的念头。经过一段时间的悲痛

之后，陆游终于开始读书，并在三年后的科考中胜过当朝宰相秦桧的孙子秦埙，夺得状元。这个结果让秦桧颇为恼火，便以陆游文章中有抗金字眼为由，取消了他的成绩。陆游心灰意冷地返回故乡，心中郁闷不已，终日游历，消遣忧愁。一天，他信步来到禹迹寺的沈园，恰巧看到分别数年之久的唐婉正与一男子游园，才知唐婉已嫁与一个叫赵士程的皇室后裔。这次偶遇在一直旧情难忘的陆游心中掀起波澜。他想起夫妻俩相处的日子，不禁百感交集。昨日恩爱情景似乎就在眼前，今天恩爱之人却已随别人游园赏景。唐婉走后，陆游一个人在沈园里久久徘徊，提笔在园中的墙壁写下了让人心痛的《钗头凤》：

红酥手，黄縢酒，满城春色宫墙柳。
东风恶，欢情薄。
一怀愁绪，几年离索。
错，错，错！

春如旧，人空瘦，泪痕红浥鲛绡透。
桃花落，闲池阁。
山盟虽在，锦书难托。
莫，莫，莫！

离开沈园后，陆游为竭力忘却旧爱，一心追求名利，并逐渐在抗击金人的战斗中发挥起了作用。在陆游外出奔波的时候，同样难忘故人的唐婉再次来到沈园，看到了陆游所题之诗。诗中所抒发的无奈哀伤，让她心碎悲伤不已，即兴合诗一首题于壁上：

世情薄，人情恶，雨送黄昏花易落。
晓风干，泪痕残，
欲笺心事，独语斜阑。
难，难，难！

人成各，今非昨，病魂常似秋千索。
角声寒，夜阑珊。
怕人寻问，咽泪装欢。
瞒，瞒，瞒！

回到家里，唐婉相思愈烈，积郁成疾，不久，悄然辞世，留给后人的只有一段凄美的爱情故事。

第三章 刀光酒事

第一节 一坛赐予全军神力的酒

吴越争霸是春秋战国时期一场重要的战争，在这场战争中，尤其是在吴王夫差与越王勾践的争斗中，美酒佳人的运用随处可见，其亮点甚至盖过了军事上的搏杀……

酒色贿吴王

吴越争霸是春秋战国时期一场重要的战争，在这场战争中，尤其是在吴王夫差与越王勾践的争斗中，美酒佳人的运用随处可见，其亮点甚至盖过了军事上的搏杀。

夫差与勾践的交手始于公元前500年左右，开战之初，吴王夫差依靠大臣伍子胥的辅佐，在夫椒击败了上一次吴越战争中致使父亲阖闾战死沙场的越王勾践，将勾践余部包围在了会稽山上，越国已成为吴王夫差的掌中之物。在如此危急关头，越国大臣范蠡建议勾践备好美酒珍宝，派能说会道的文种到吴国求情，表示自己愿意成为吴国的臣子，日夜侍奉吴王，无怨无悔，绝无异心。吴王夫差看到越国使者低声下气的样子，心中颇感得意，正要答应，伍子胥在一旁提醒道："人常说'治病要除根'，勾践深谋远虑，文种、范蠡精明强干，这次放了他们，他们回去后就会想办法报仇的！"夫差听了伍子胥的话，觉得有道理，便拒绝了勾践的要求。

文种把夫差拒绝求和的消息告诉了勾践，勾践得知伍子胥识破了自己的阴谋，大失所望，以为只剩拼死一搏了。范蠡却一点儿也不急，他让勾践先派人讨好吴国太宰伯嚭，让伯嚭替越国多说好话，改变夫差的想法。接着又搜集了众多的珠宝美酒，一同献与夫差，使夫差终于答应撤军。勾践被撤退的吴军押解回了吴国，为了取得夫差的信任，他委曲求全，自愿当起了马夫，还抽空精心伺候夫差的起居，让夫差大为感动。

这时范蠡特意回到越国，四处寻找美女和珍宝，打算继续贿赂吴王。在这些美女中，有一个叫西施的女子，她不仅美貌如仙，而且热心报国，被范蠡认作贿赂吴王的首选之人。在离开越国之前，西施与范蠡有过一段情，但为了国家的复兴，她毅然放下私情来到吴国。西施到达吴国后，首先博得了夫差的好感，整日陪着夫差饮酒作乐，劝说他放勾践回国。伍子胥听说了夫差要放勾践回国的消息，立即进宫阻止，并试图说明勾践回国的危害，声称此举将酿成大祸。但此时的夫差一心只想与西施寻欢作乐，对伍子胥的一再进谏深感厌恶。与此同时，被文种收买的太宰伯嚭也不断地为勾践说好话，让夫差相信越王此时已经一心臣服。在吴王夫差的许可下，勾践在吴国遭遇三年囚禁后，终于得以返回越国，被酒色迷醉的吴王做出了一个让他悔恨终生的决定。

振奋军心的箪醪劳师

勾践依靠酒色成功瓦解了夫差的意志并回到越国后，立即施行了一系列有效的治国政策，宣布免除一切赋税，鼓励百姓多种粮食，发展生产，并以赏赐酒肉的方式鼓励生育，为完成复国大业积蓄力量。为了能随时激发自己复国的斗志，勾践晚上枕着兵器，睡在稻草堆上，在座位旁边挂上苦胆，每天品味卧薪尝胆之苦，提醒自己不能忘记亡国之辱。在这段日子里，勾践不仅亲自种地，不吃肉食，不穿华丽的衣服，还主动放下君主的架子，谦虚待人，热情接待四方贤士，使各国中有德行和智谋的人纷纷前来投奔。经过十年的治理，越国国力大增，终于具备了挑战吴国的能力。

此时，吴国准备攻打齐国，伍子胥因反对攻齐而与夫差再次发生矛盾，进一步引起了夫差的不满。范蠡看到这种情况，立即加紧了对伯嚭、逢同等吴国大臣的贿赂，让他们不停地在夫差面前说伍子胥的坏话，并以遭遇灾荒为由，请求吴王夫差借一些粮食给越国，以此试探夫差对越国的态度。夫差接到越国的求助信件，觉得这是一件小事，便答应了。伍子胥再次上前阻止，夫差根本不理会，大量的粮食就这样从吴国运到了越国备战的粮仓中。伍子胥看到夫差如此昏庸，不由得发出了“三年之内，吴国必亡”的感叹，伯嚭听到这句话，立即报告夫差，称伍子胥阴谋倚托齐国反吴。起初，夫差还不太相信伍子胥对自己不忠，等逢同也这样说，他便不再有丝毫怀疑。就这样，勾践以酒色金钱促使夫差最终杀掉了时刻提醒自己防范越国复仇的伍子胥，扫清了攻吴的最大障碍。伍子胥死后九年，勾践终于完成了复国的准备，攻吴之战打响了。

越国的军队出征之前，全国百姓欢欣鼓舞，纷纷赶来慰问，并用一坛最醇香的黄酒给勾践饯行。勾践接过美酒，心中非常高兴，但他没有独酌，而是令人将酒倒入今天浙江绍兴城南的“投醪河”中，令三军共饮。倒入一坛酒的河水当然不可能有一点儿酒味，但是士兵感念越王恩德，士气大增，上了战场犹如下山的猛虎，势不可当，大败毫无防备的吴军，迅速攻入吴国都城姑苏。吴王夫差见大势已去，后悔没有听伍子胥的话，挥剑自刎，临死时还特意让人把他的头蒙起来，以示死后也羞于面见伍子胥。

范蠡驾舟寻酒去

和其他封建帝王一样，在打赢吴越之战、坐稳皇位之后，勾践的心态也开始发生了微妙的变化。当初在吴国受难时，勾践曾多次发誓定与臣子同甘共苦。政权稳定后，一些臣子功高盖主使勾践倍感不安，此时的他哪里还有与其“同甘”的心情。因此，这一誓约如风一般，飘散无踪。

在曾经“共苦”的朝臣中，范蠡是最先看出端倪的。范蠡率军灭掉吴国后，乘胜追击，使得齐国和晋国也先后臣服，被勾践任命为上将军。战争结束回到越国，范蠡喝过了勾践赐予的庆功美酒后，立刻请辞，他在辞呈中说；“知主有难，臣当代为。”当初主上亡国受辱之时，我们做臣子的应该以死谢罪，之所以没那样做，是想着有一天能为主上雪耻。现在吴国已灭，大仇得报，我也该来领受当初的罪过了。勾践看过范蠡

范蠡像

选自《博古叶子》清刻本　（明）陈洪绶

范蠡，春秋末年著名的政治家、军事家和经济学家，被后世尊称为『商圣』。在越国战败后与吴国签订的合约中，有向吴国进献礼物的条款，礼物包括米酒。当年，越国农业落后，水稻、谷子产量低，品质差，酿酒技术也差。酒的颜色、味道和口感都很一般。范蠡明白，想要赢得吴王的欢心，放松对越国经济发展和扩军备战的警惕，贡献美酒是重要的武器。于是，他从家乡宛邑聘请了一位著名的酿酒师，将酵母带到新都会稽（今绍兴）来指导酿酒并亲自现场监督。从此，会稽山酒就像琥珀一样清澈透明，浓香四溢，完美达成了麻痹吴王夫差及群臣的政治目的。

的信后，说：“你的功劳比山还高，我正要分给你半壁江山，你怎么能此时要求离开呢？”范蠡听罢勾践所言，不仅没有感到安心，反而愈发害怕，因为伍子胥为吴国立下战功时，吴王夫差也曾对他说过同样的话。范蠡知道大难临头，便带上同样为越国立过奇功的情人西施，连夜逃离京城。

范蠡离开越王后，特意让人给文种捎信，告诉他说，飞鸟尽，良弓藏；狡兔死，走狗烹。勾践不是一个可以“同甘”的君王，现在你也赶快离开吧。文种看过信后，认为范蠡说得有理，便称病不再上朝，并打算在适当的时候请辞。不料深知文种才能的勾践生怕他将来会对自己构成威胁，根本不想让他再活下去。过了不久，勾践特意让人把文种找来，在朝堂之上赐给他一把利剑，逼迫这位复国功臣自杀身亡。

文种被杀时，范蠡正携西施泛舟太湖，过着饮酒吟歌的逍遥生活。对于这样的结果，他一点儿都不意外。

相关链接

酒中珍品——绍兴黄酒

浙江绍兴地处古代吴越之地，距今已有 2200 多年的酿酒历史，是我国黄酒的传统生产基地。《吕氏春秋》中就曾有过越王勾践在绍兴（即春秋时期的会稽）投醪劳师的记载，北宋人朱肱编撰的《北山酒经》也有“东浦产最良酒”的说法。到了南宋，以绍兴加饭酒为主的江南黄酒的发展进入了全盛时期，“蓬莱春”等酒中珍品进入社会各个阶层，极大地提高了绍兴黄酒的声誉。到清朝时，绍兴黄酒的酿造规模已列全国第一，各地酒肆都能见到它的身影，绍兴黄酒几乎成了黄酒的代名词。清人梁章钜在《浪迹三谈》中便有“品天下酒者，自宜以绍兴为第一”的表述。

战国兽首盉

战国时期用来调和酒、水的器具。盉，即调味之意。古代的酿酒技术无法控制度数，因此在饮酒时通常将水、酒调和至自己喜欢的浓度。这种器具最早出现于夏朝，盛行于商晚期和西周，一直流行到春秋战国时期。

第二节　剑影交织在鸿门的酒宴

项庄来到酒宴之上，向刘邦敬过酒后，开始在席前舞剑助兴，并慢慢接近刘邦。项伯看出了项庄的企图，起身与项庄对舞，使其不得接近刘邦，始终没有下手的机会……

醉龙刘邦

汉高祖刘邦是从秦末农民起义中崛起的平民皇帝，在中国的历代帝王中，他的能力一度被很多人所质疑。虽然戴着一顶知人善任的高帽，但由于其出身低微，且夺得皇位的手段也不是很豪迈，所以很难令人心生敬佩。为了聚拢人心，巩固政权，刘邦的追随者便将许多神奇的传说附会其身，以证明自己的真龙身份。“醉酒斩白龙”应当就是这样衍生出来的一则奇闻轶事。

从《史记·高祖本纪》和《汉书·高帝纪》中我们可以知道，刘邦年轻时最大的爱好就是喝酒，但因整天不务正业，常常因没钱买酒，只好赊账，以饱口福。传说，在刘邦的故乡沛县，有两家生意不错的酒店，刘邦自然是店里的常客，而且一喝就醉，醉了就睡在店里不起来。起初，这两家酒店的主人见刘邦醉后不省人事，就悄悄多记一些账在他的头上，想占便宜。但没过多久，他们发现醉酒后的刘邦身上总会出现一些奇怪的现象，有时他甚至还会化作一条龙，便再也不敢索要酒钱。刘邦是一

汉高祖刘邦像

选自《历代帝王圣贤名臣大儒遗像》册 （清）佚名 收藏于法国国家图书馆

刘邦年轻时就酷爱喝酒，他在泗水当亭长的时候，经常去酒馆赊酒喝，一喝醉便直接倒在地上睡觉。有趣的是，店主并不害怕刘邦赊酒，因为只要他一来，酒馆的生意就变好了。

个敢想敢做的市井之徒，有一次，他在路上看到秦始皇出巡，便由衷地发出了“大丈夫本该如此”的感叹，坚信自己也可以如此威风凛凛，可见他的野心之大。起兵反秦之前，刘邦胸中空有大志，但仕途并不顺畅，在秦朝任过的最大官职也不过是泗水亭长。可令人感到奇怪的是，这样一个不起眼的小人物竟然得到了当时沛县名流吕公的青睐，愿意把美貌的女儿嫁给他为妻。据说，吕公此举的原因无非也是发现刘邦有真龙护体，将来必成大事。

刘邦糊里糊涂地有了媳妇，自然高兴万分。此时正当秦二世胡亥在位，全国大兴土木，修建宫殿陵墓的工人非常短缺，一些囚犯也被征调去做苦工。一次，身为亭长的刘邦奉命押送一队囚犯去郦山为秦始皇修皇陵，刑徒们知道不累死也得活埋，当他们被押送至丰邑西边的大泽里时，刑徒逃走大半，使得刘邦根本无法复命。无奈之下，刘邦一夜喝光了随身带来的美酒，为余下的刑徒打开刑具，让他们自己去逃命。刑徒们被刘邦的义气感动，纷纷表示愿意追随刘邦，跟他一起举事。于是，刘邦率领他们连夜逃离丰邑，另谋出路。一行人逃到一处草丛密布的山涧时，忽然发现一条水桶粗细的白蛇挡在路中，刘邦趁着酒劲，挥剑斩断白蛇，率领大伙继续前行。后来有人路过斩蛇的地方时，看见有一个老太婆在伤心地哭泣，众人问她缘故，老太婆说："我与白帝的儿子白龙，刚才被赤帝的儿子赤龙杀死了。"路人一惊，正要追问详情，老妪忽然不见了，连被斩杀的白蛇也消失了。人们大吃一惊，对刘邦的敬畏之心油然而生。

不久之后，刘邦便以这些人为基础，在沛县揭竿而起，加入到了反秦的队伍当中。

鸿门酒香人不醉

沛县起兵后，刘邦率领的军队一路征战，实力不断壮大，很快成为可与项羽媲美的一支强大的军事力量。公元前 206 年，刘邦率兵十万首先攻入秦都咸阳，取得了政治上的主动。刚刚带兵大胜秦军主力的项羽闻听此讯大惊，立刻带领四十万大军杀向咸阳，并很快打到了离刘邦驻军的霸上只有四十里路的新丰鸿门。刘邦听说项羽赶到大吃一惊，不知如何是好。这时，项羽已得到了刘邦手下密探的回报，知道刘邦有称王的野心，决定立即除掉刘邦。项羽的叔父项伯与刘邦的谋臣张良是非常要好的朋友，听到项羽第二天要攻打刘邦，马上通知张良，让他赶快逃跑。张良闻讯悄悄上报刘邦，请他想办法稳住项伯，并请项伯在项羽面前说情，化解这场灾难。于是，刘邦将项伯请进帐中，热情款待之余，说明自己无意对抗项羽，还当场把女儿许配给项伯的儿子，俩人结为姻亲。项伯答应了刘邦的嘱托，他认为项羽为人直率、重义气，只要刘邦明天能主动过营认错，肯定会安然无恙。

次日一早，刘邦带着张良等人来到鸿门，亲自向项羽请罪，为自己先攻咸阳开脱。项羽见刘邦态度诚恳，心中的怒气早就烟消云散，没有了动武的念头，吩咐人准备好美酒佳肴款待刘邦一行。项羽的谋士范增见项羽改了主意，心里非常着急，他在宴会上不停地给项羽使眼色，示意他动手杀掉刘邦，项羽却没有任何回应。焦急中，范增走出帐外找到了项羽的堂兄项庄，告诉他刘邦不除必生祸患，让他以舞剑之名，伺机杀掉刘邦。

项庄来到酒宴之上，向刘邦敬过酒后，便开始在宴会上舞剑助兴，并慢慢靠近刘邦。旁边的项伯看出了项庄的企图，起身与项庄对舞，使他无法靠近刘邦，始终没有下手的机会。张良看到形势危急，借口从帐中出来，让刘邦的车夫樊哙立即进帐护主。樊哙持剑闯入营帐，怒视项羽，说道："原来说好的，谁先攻入咸阳谁就为王。现在沛公先入咸阳，他什么也没动，只是安静等待大王的到来，本该得到封赏才对，大王怎么能听信小人谗言，陷害沛公呢？"项羽听了樊哙所言，不知怎样对答，同时又被樊哙的勇猛所震撼，急忙请樊哙坐下。

趁着樊哙带来的片刻放松，假装喝醉的刘邦借口要上厕所，留下一对玉佩和一对玉杯，要张良分别赠予项羽和范增。自己则在樊哙等人的护卫下，从骊山脚下的一条小路，匆匆返回霸上自己的营地。

范增得知刘邦逃跑的消息后仰天长叹，连呼江山已落他人之手，抢过张良献上的玉杯摔在地上，用宝剑一通挥砍，把全部的愤怒都发泄在了刘邦留下的礼物之上。

酒酣方得《大风歌》

鸿门宴后不久，项羽便接替刘邦率领大军接管咸阳。夺得这座当时中国最大的城市后，项羽的鲁莽性格立刻显现出来，他大肆掠夺财物，杀害秦朝遗民，还放火焚烧了秦王朝集全国财力修造的阿房宫，失掉了百姓的信任。基本控制全国的局势后，项羽开始大肆封王，他把共同推翻秦朝的各路诸侯和一些重要人物封为十八个王，自己做了楚王，凌驾于诸王之上。在封王这件事上，项羽更是将莽撞豪迈表现得淋漓尽致。当初和秦军作战时，随着他西征的联军，差不多都是各路诸侯派出的军队，该封王的理应是这些人。但项羽出于自己的喜好，竟把随他西征的一些将军，都封成王，反而把将军的顶头上司，即派遣他们西征的原来的诸侯，驱逐到了其他地方。按原来的约定，刘邦应该被封为秦王，但为了限制刘邦的势力，项羽只把他封为汉中王，统辖的领地不过汉中及巴蜀四十一个县，且都地处偏远，很难对外发展。针对项羽的种种做法，刘邦表面上不说什么，暗地里却招兵买马积蓄力量，并从公元前 206 年开始，同项羽进行了一场史无前例的决战，最终依靠韩信等人的协助，彻底击败项羽，建立起了西汉王朝。

刘邦称帝后，那些伴随他征战南北的功臣也被他一一封王，其中韩信被封为楚王，英布被封为淮南王，连张耳的儿子和英布的岳父也得到了王位，大家都很高兴。实际上刘邦大度封王只是为了笼络人心，对这些有才华的将领他一直保持警惕，生怕有朝一日他们会和自己作对。政权稳定后，刘邦便开始了全面的清洗，功劳最大、本领最强的韩信和臧荼首先被铲掉，梁王彭越接着也遭厄运。淮南王英布看到这种情况，知道马上就要轮到自己了，便抢先于公元前 196 年起兵造反。

刘邦听到英布谋反的消息，并没有感到太大的恐慌，因为此时异姓诸侯并不多，各路诸侯大多都成了刘姓直系。公元前 195 年，刘邦亲自率兵在会甄击败英布，取得了清除异姓诸侯的关键胜利。这时，刘邦自

汉代错金云纹樽

汉代盛酒或温酒的容器，正名为『樽』。表面部分镶有金银。器身与三个蹄足相连。本体镶嵌有大面积勾连云雷纹的金银片，雕成一种抽象变形的龙纹图案。

汉代螭纹鐎

汉代常用的温酒器。它附有钮盖、斜肩、兽形流、圆腹、弯把、兽形足。盖与器身以卡榫连接，把作兽器，盖饰蟠螭纹。它的特点是，侧面的长柄可持之置于炉上，用以加热酒浆。

汉代酒瓶（边壶）

汉代用于盛酒的器皿。

汉代玉高足杯

汉代用来饮酒的酒杯，杯体是一个稍显细长的圆锥体，有高脚和单柄。从边缘到上足，五条水平的缎带围绕着器皿的表面，缎带的中下部浮雕着各种云纹和四片叶子图案。由于与铜锈接触，器物的嘴缘、把手的外侧以及上足到腹部下端都被染成绿色，形状像高脚杯。

《阿房宫图》卷（局部）

（明末清初）佚名　收藏于爱尔兰切斯特·比替图书馆

阿房宫，是秦始皇三十五年（公元前212年）秦始皇下令建造的一组宫殿——朝宫中的前殿。根据《史记》记载：『先作前殿阿房，东西五百步，南北五十丈，上可以坐万人，下可以建五丈旗。周驰为阁道，自殿下直抵南山。』

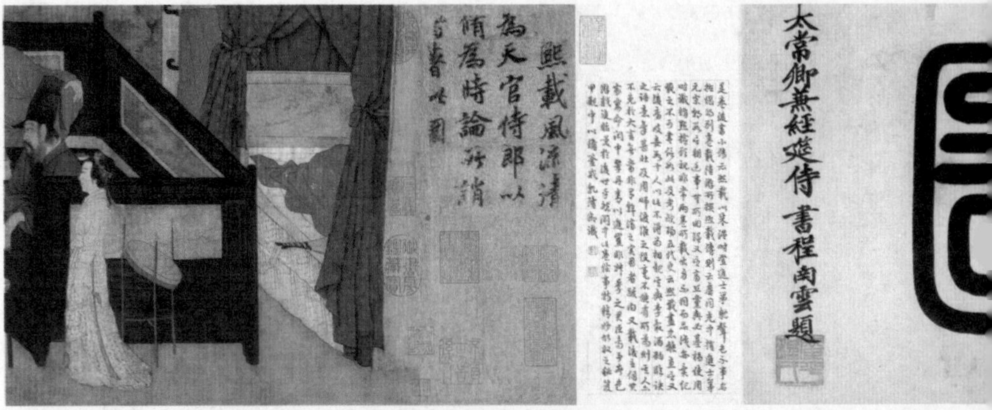
熙載風流清
為天官侍郎以
太常卿兼經筵侍書程南雲題

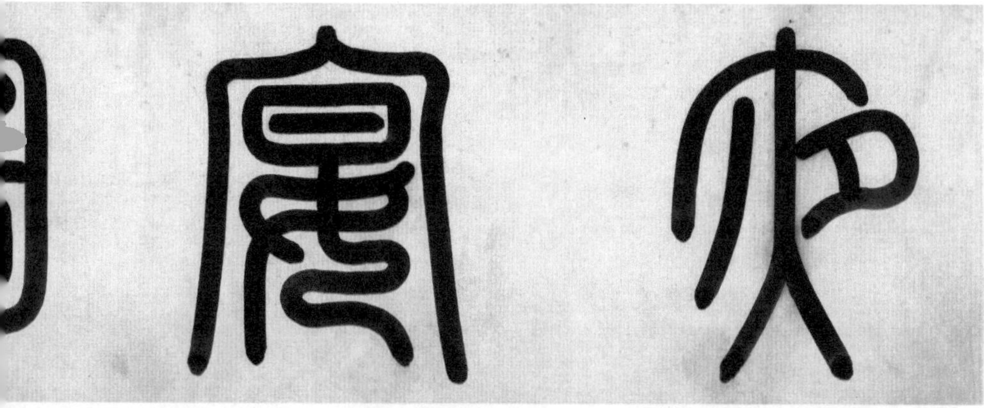

《韩熙载夜宴图》

（五代）顾闳中／原作

此为宋人摹本　收藏于北京故宫博物院

这幅图描绘了官员韩熙载家举办晚宴、载歌行乐的场面。画面中描绘了韩府一次完整的夜宴过程，即演奏琵琶、观看舞蹈、宴间休息、清吹和欢送宾客五段场景。

《周穆王与西王母瑶池宴会图》

佚名　收藏于韩国京畿道博物馆

周穆王西行见西王母之事详载于《穆天子传》。为了宣扬自己国家的强大，周穆王决定周游天下，以显示自己的威严。他乘坐八匹马拉的马车，历时九个多月前往西王母的土地。第二天，周穆王设宴，邀请西王母与他一起饮酒作乐。

▲《筱园饮酒图》轴

（清）罗聘　收藏于美国纽约大都会艺术博物馆

画面中这座巨大的庭院被松树和柏树包围着，房子排列得很整齐，几个人在屋里喝酒聊天。可能是秋天或冬天，树叶已经落光了，院子里显得寂静而空旷。筱园始建于康熙末年，它位于二十四桥的一侧，依湖而建，通过池塘取水，在水畔筑造亭台。春天有牡丹，夏天有荷花，秋天有桂花，冬天有松树和竹子，四时之景皆美。

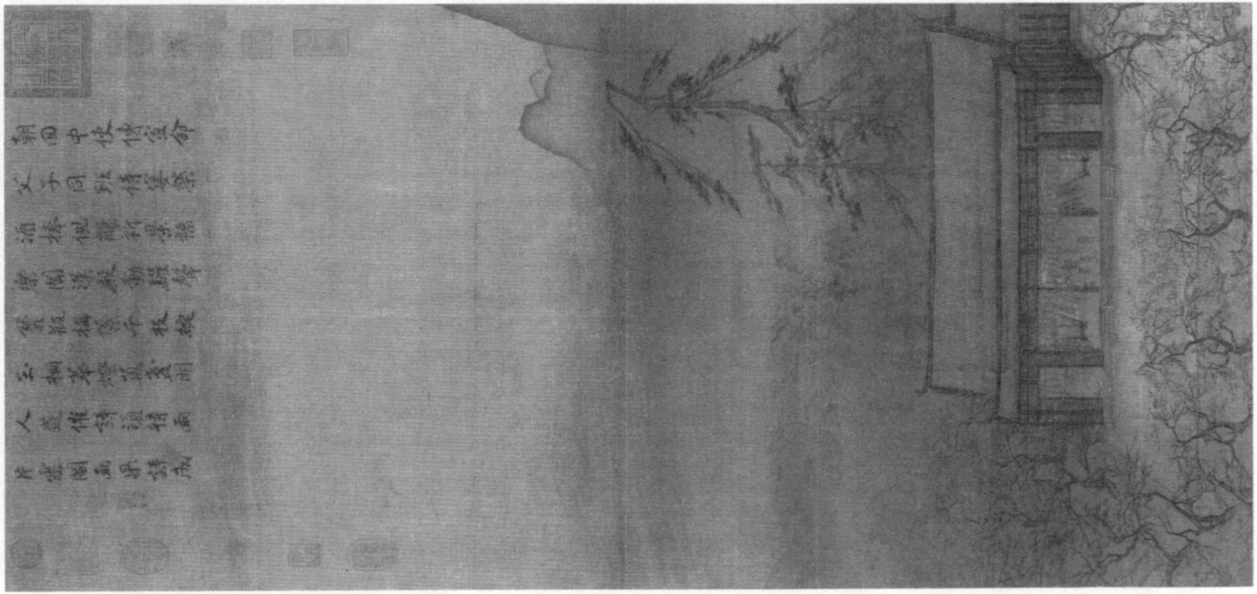

《华灯侍宴图》

（宋）马远　收藏于中国台北『故宫博物院』

画面中一座孤零零的寺庙矗立在山林深处，大厅里的君臣权贵沉浸在歌舞中。视线从顶部的梅树开始，沿着华堂殿的左侧向上延伸，从屋脊转向右侧，以反S形环绕，到达松树和远山，然后垂下，落入远处的暮色里。

文字飲詩序

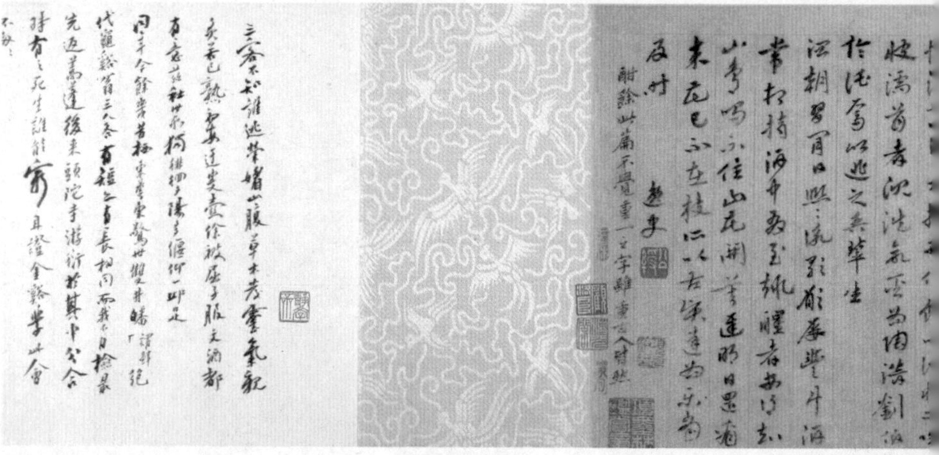

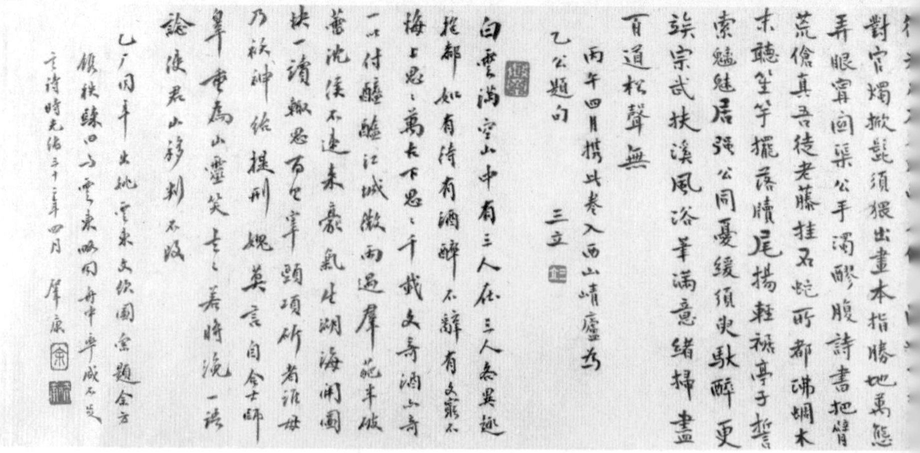
乙公題句
三立

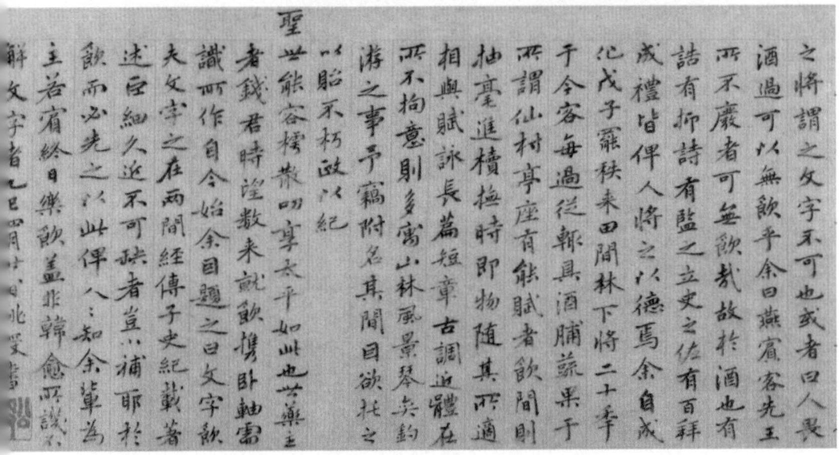

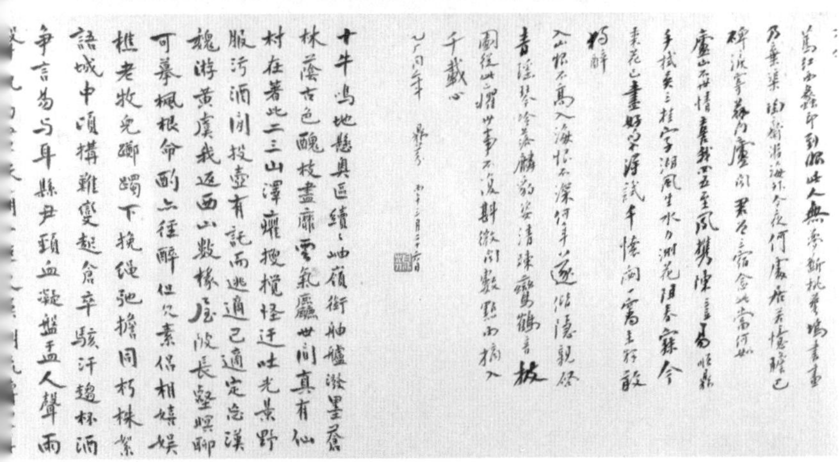

《文饮图》卷

（明）姚绶　收藏于美国纽约大都会艺术博物馆

画面中所绘一河两岸，三个人坐在平坦河岸附近的地上，中间摆放着茶具，谈话氛围轻松舒适。对岸翠竹成林，一四柱小亭置于其中，环境优雅迷人。

《春酣图》

（明）戴进　收藏于中国台北『故宫博物院』

画面描绘了春暖花开的山溪景象。松树挺拔茂盛，山峰高耸陡峭，路上行人络绎不绝，行色匆匆。附近，两条小船和一只竹筏停在河边。几位老翁正在喝酒聊天，一人醉躺在桌子上酣睡，呈现了一种祥和快乐的气氛。

《饮酒读骚图》（明）陈洪绶

《紫光阁赐宴图》

（清）姚文瀚　收藏于北京故宫博物院

清朝皇帝非常注重对蒙古王公和外藩使臣的接待。自从雍正朝开始，除了除夕和元宵的宴会外，每年从正月初二到十五，还会举行新正筵宴，以表达对蒙古各部和年班回部、降番等的恩宠。清初时，新正宴和凯旋宴没有固定的地点，通常在避暑山庄的万树园、圆明园，或者是西苑瀛台、丰泽园前的空地上设立黄幄架幄，举行筵宴。乾隆朝将新正筵宴定为每年的例行活动，自乾隆十一年开始，宴会在紫光阁架设大幄次，宴请蒙古王公。

《万树园赐宴图》

（清）郎世宁、王致诚、艾启蒙

收藏于北京故宫博物院

画面中描绘了1754年乾隆在避暑山庄万树园设宴招待蒙古族首领的宏大场面，恢宏大气的排场、细致精美的食器酒具和丰富多样的美食是皇家宴会的特征。

认为汉家江山已固若金汤，心中紧绷了数年的弦终于松了下来。

从会甄班师回朝的途中，刘邦兴致勃勃地特意率军回到了故乡沛县。在沛县期间，他设宴款待乡邻，并从乡人中招来一百二十名儿童，教他们唱歌侑酒。酒喝到半酣之间，刘邦击筑赋歌，吟唱了那首著名的《大风歌》：

大风起兮云飞扬。
威加海内兮归故乡。
安得猛士兮守四方！

据说，刘邦在唱这首歌时，激情澎湃，热泪盈眶，为保卫四方的勇士们深感自豪，仿佛忘记了，就在此之前，无数守四方的猛士刚刚死于他的刀剑之下。

相关链接

中国古代酒宴名称

中国古代宴席名称繁多，堪称世界之最。历代各行各业人士举办的宴会名称层出不穷，令人目不暇接。仔细整理一下，这些酒宴大致可分为国事之宴、皇室之宴、家事之宴、科举之宴、祭祀之宴、游乐之宴和友人之宴七种，其中著名的国事之宴有国宴、御宴、军宴、出师宴、鸿门宴、鸣玉宴、醻宴、九盏宴、外藩宴等；皇室之宴有养老宴、章华宴、凌虚宴、临光宴、宋代大宴、春秋大宴、饮福大宴、宋皇寿宴、次宴、中宴、常宴、小宴、定鼎宴、千叟宴、凯旋宴、经筵宴、廷臣宴、大蒙古包宴、元日宴、元会宴、冬至宴、宗室宴、大婚宴等；家室之宴有婚宴、丧宴、喜宴、寿宴、家宴、辞家宴、张俊供奉御宴等；科举之宴有曲江宴、闻喜宴、关宴、烧尾宴、鹿鸣宴、重赴鹿鸣宴、樱桃宴、琼林宴、重赴琼林宴、恩荣宴、乡试宴、会试宴、鹰扬宴、重赴鹰扬宴、选举宴等；祭祀之宴有别宴、明代大宴和饮福宴等；游乐之宴有瑶水宴、高阳宴、钱龙宴、探春宴、船宴、红云宴、头鱼宴、诈马宴、头鹅宴、重九宴、斗巧宴等；友人之宴有便宴和新亭宴等。

第三节　青梅煮酒　谁为英雄

『煮酒论英雄』最早出自陈寿的《三国志·蜀书·先主传》，但很多为人熟知的情节却出自罗贯中创作的《三国演义》……

酒筵上的雷声

从夏禹开始，中国历代都有许多提倡禁酒的帝王，他们禁酒的理由各有不同，但主要有两个相似之处，一是执政者认为饮酒有许多危害；二是酿酒会浪费粮食。在三国争霸时期，也有两位主张禁酒的当权者，一位是汉相曹操，一位是蜀王刘备。有意思的是，二人虽然明令禁止饮酒，但他们自己身上却都发生过在历史上非常著名的有关酒的故事。“煮酒论英雄”就是与他们二人都有关的一则典故。

“煮酒论英雄”最早出自陈寿的《三国志·蜀书·先主传》，但很多为人熟知的情节却出自罗贯中创作的《三国演义》。《三国演义》第二十一回讲到，刘备占领的徐州被吕布夺走，一时无处安身，便带着关羽和张飞来到许昌，暂时投奔曹操。曹操认为刘备是当今的英雄，将来一定是自己的劲敌，心里总有些忐忑不安。刘备为了防止被曹操算计，在自己住所的后花园里种了一块菜地，每天亲自浇水，以示胸无大志。刘备的结拜兄弟关羽、张飞见他只关心田间地头，认为他失去了称霸天下的志向，大为不悦。有人把这件事告诉了曹操，曹操听后淡淡一笑。他知道刘备此举不过是摆个样子给别人看，根本不能当真，于是决定找机会试探一下刘备的底细。

有一天，关羽、张飞都不在，刘备正在浇园，曹操派大将许褚请他去赴青梅酒宴。一见面，曹操就笑着问刘备："在家都做了些什么呢？"刘备一听，以为曹操看穿了自己的心思，吓得脸色都变了。曹操又说："刚才看到枝头青梅，忽然想到当初征讨张绣时因路上缺水，便以前面有梅林为引子慰藉士兵，士兵便不再感到口渴了。今天看到这青梅，不可不赏，正好酒也温好了，便邀请你到小亭里喝酒。"听了这话，刘备的心才平复下来。曹操请刘备入席，二人携手移至一个小亭内，举杯对饮，谈古论今，但任凭曹操如何慷慨激昂，刘备就是不肯表露真意，曹操一时也无计可施。

酒至酣处，天空下起了大雨，曹操借雨说事，终于进入正题，问刘备知不知道龙的变化。刘备假装糊涂，不做正面回答。曹操说："龙能大能小，能升能隐；大则吞云吐雾，小则隐身藏形；升则飞腾宇宙之间，隐则潜伏波涛之中，就像当世的英雄一样。你久在四方游历，肯定知道现在能称得上英雄的人是谁了？"

刘备装作认真思索的样子，连说了袁绍、刘表及孙策等几位名士，都被曹操一一否认。最后，曹操举杯说道："夫英雄者，胸怀大志，腹有良谋，有包藏宇宙之机，吞吐天地之志者也。今天下英雄，惟使君与操耳！"

刘备见曹操一语道破了自己的雄心，大吃一惊，吓得将手中的筷子掉在了地上。这时恰好天上惊雷大作，刘备灵机一动，俯身拿起筷子说，

煮酒论英雄

选自《彩绘全本三国演义》（近代）金协中

东汉铜鎏金山纹兽足樽

樽是汉代主要的盛酒器。

雷声太大，失态了，还请曹操谅解。曹操见刘备如此胆小，难成大事，以为自己看错了人，便放下心来，不再将他视为威胁。

过了一段时间，曹操与袁术之间爆发了战争，刘备趁着这个时机，提出要率兵出城包围袁术。经过青梅煮酒的试探，曹操对刘备已不再有戒心，便答应了他的请求，并派许灵、路昭二人跟随。刘备出城之后，先是在下邳城外击破袁术，然后趁着许灵、路昭回去报信的时候，率军进占徐州，脱离曹操的控制，再次开始了艰苦卓绝的征战。

草船饮酒借雕翎

东汉末年崛起的各路诸侯中，曹操的实力起初并不是最强的，经过与袁术、袁绍的数次交战，特别是“官渡之战”后，曹操逐渐成了北方的霸主。就在曹操称雄北方的同时，南方的孙策通过连年征战，也在江东地区确立了霸权。孙策死后，其弟孙权励精图治，进一步巩固势力。与孙曹相比，刘备此时的实力则相形见绌。“下邳之战”后，他抢夺了徐州，却无力抵挡曹操的进攻，只得投奔袁绍。袁绍在“官渡之战”中被曹操击败，刘备又慌忙投奔荆州的刘表，依靠刘表的施舍，才在一个叫新野的小县城找到了安身之地。虽然实力有限，但刘备的雄心却丝毫没有减弱，他三顾茅庐，访得了诸葛亮为谋臣，并按照诸葛亮的设计，伺机占据荆州，准备东山再起。

公元 208 年，意欲统一全国的曹操经过长期准备，挥军南下，直逼

草船借箭　选自《彩绘全本三国演义》（近代）金协中

江东重镇荆州，此时镇守荆州的刘表刚刚病逝，继承王位的次子刘琮胆小懦弱，很快便投降了曹操。曹操乘胜追击，直抵刘备驻地夏口。根据当时的形势，孙权和刘备决定联合抗曹，在赤壁与曹兵决战，周瑜和诸葛亮被推为此次“赤壁之战”的直接指挥者。

周瑜是东吴著名的大将，才智过人，只是心胸狭窄。开战前，他便使用计谋骗曹操杀了随刘琮投降的蔡瑁和张允，让曹军折损了全部懂水战的将领。得意之余，周瑜想到作战所需的雕翎箭短缺，他想看看诸葛亮的本事，就令他在十天之内造好十万支箭，诸葛亮知道周瑜这是准备借此为难自己，但他还是一口答应下来，并就势将约定的期限改为三天。

回到大营，诸葛亮找来孙权的谋士鲁肃，让其为他准备二十只小船，六百名军士，另外再准备好青布和稻草等物，蒙在船舱之上，以待召唤。第三天四更时分，江面上忽然出现了浓浓的雾气，十多米外就看不到任何人影了。诸葛亮叫军士把二十只船用绳子连在一起，在其中的一只船上摆好酒菜，请鲁肃同他一起进舱饮酒。船队从南岸起航，大张旗鼓地向北岸进发，士兵们还不断击鼓呐喊，这一举动顿时惊动了对岸的曹军，他们以为孙刘大军前来攻营。由于浓雾笼罩，一时分辨不清敌军的底细，曹操不敢让大军贸然出击，只能命令士兵箭矢齐发，射退敌人。诸葛亮一边同鲁肃喝酒，一边让船队在江面上来回数次，直到天将大亮，酒也快饮尽时，才吩咐其返航。回到联军大营，诸葛亮命军士拔下射到稻草和青布上的箭矢并将其搁置一旁，此时箭矢的数量已经超过了十万支。

经过“草船借箭”的考验，周瑜对诸葛亮的本领深感钦佩，打败曹军的信心大增。二人精诚合作，火烧曹军战船，终于取得了“赤壁之战”的胜利，初步确立了魏蜀吴三足鼎立的政治格局。

关羽单刀赴酒宴

“单刀赴宴”是三国中一段知名的故事，故事中的主人公关羽是三国时河东人。“桃园结义”后，关羽随大哥刘备东征西讨，立下了赫赫战功，并以温酒斩华雄的经典之战震惊各路诸侯，成为汉末名将之一。刘备在徐州被曹军击溃后，他为了保护二位嫂嫂，忍辱负重投降曹操，受封“汉寿亭侯”。降曹期间，他帮助曹操斩杀了颜良、文丑，打败了袁绍大军，深受曹操赏识。公元200年，正在曹营的关羽得知了刘备的下落，立刻挂印封金，带上二位嫂嫂千里走单骑，再次回到刘备麾下，又开始了兄弟同闯天下的征程。“赤壁之战”后，刘备依靠关羽等人的英勇，抢在孙权之前夺取了包括荆州在内的不少军事重镇，留下诸葛亮与关羽镇守荆州，自己率军入蜀。一年以后，诸葛亮奉刘备之命入蜀执

单刀会

选自《彩绘全本三国演义》（近代）金协中

孔融像

选自《古圣贤像传略》清刊本　（清）顾沅/辑录，（清）孔莲卿/绘

曹操看到汉末嗜酒的风气很浓烈，一些官员因酒害政，此外，持续不断的战争和灾害造成了持久的干旱，使得百姓流离失所、饥寒交迫。因此，他下令禁酒。孔融不仅反对禁酒令，还在家中三天一大宴，两天一小宴。他常常感叹：『座上客常满，樽中酒不空，吾无忧矣。』没过多久，曾是以孝悌闻名天下的孔融，被曹操以不孝的罪名处死。

政，镇守荆州的重任落在了关羽一个人身上。

关羽镇守荆州期间，孙权多次与刘备交涉，刘备均未理会。公元215年，孙权再次索要荆州不成，进而引发了吴蜀之间的矛盾，他派大将吕蒙夺取了长沙和桂阳二郡，并围攻零陵郡。这期间，驻守益州的东吴大将鲁肃倚仗军事上的优势，在临江亭设下酒宴，邀请关羽渡江议事，想在酒席之上再次索要荆州，打算索要不成就扣下船只，拘押关羽，以武力夺取。接到邀请后，关羽面无惧色，他令周仓捧刀，单刀单骑乘船过江，来到临江亭下。

关羽的单刀赴宴让鲁肃颇为高兴，酒过三巡之后，他迫不及待地索要荆州，关羽起先以饮酒莫谈国事为由将话题岔开，后来就干脆以刘备为汉室宗亲，天下土地皆可继承为由，表示荆州之事根本不需反复讨论。这时周仓在一旁插话道："天下的土地都归有德之人，怎么能说荆州是东吴的呢？"关羽借着周仓抢话一事，立即大发雷霆，明为呵斥周仓，实则震慑众人，使鲁肃等人纷纷噤声。接着，关羽醉步离座，推说酒醉不能再议，强拉鲁肃出门送客。鲁肃被关羽拉住胳膊动弹不得，其精心设下的圈套也丝毫不能发挥作用。

临江亭的斗智斗勇最终以关羽的胜利而告终。《三国演义》对关羽的这种行为做了极大的肯定，实际上他的这种英雄气概带有浓厚的个人主义色彩，不但对大局无益，有时甚至适得其反。独自赴宴这件事后不久，关羽就多次与东吴、樊城的曹兵发生摩擦，虽然取得了一些暂时性的胜利，但因破坏了孙刘联合抗曹的国策，反而促使孙曹联合起来，最终遭到了征战以来最沉重的打击，落得个兵败麦城的结果，自己也被东吴的无名小将所杀。更严重的是，他的死引发了吴蜀之间最大规模的战争，并使蜀国在这次战争中损失惨重，从而彻底失去了与魏国抗衡的资本。

相关链接

中国古代的禁酒

中国的禁酒最早应该是从西周开始的，周朝统治者推翻商朝统治后，总结了商纣王因酒亡国的悲剧教训，颁布了我国最早的禁酒令《酒诰》。《酒诰》明确提出“无彝酒，执群饮，戒缅酒”的禁酒之教，认为酒是丧德和亡国的根源，奉劝人们不要经常饮酒。对于那些聚众饮酒的人，周朝的政策是毫不留情地逮捕和处死。这一极端的做法从根本上扭转了当时社会酗酒成风的现象。

之后的秦代继承了西周的禁酒政策，其律法规定“百姓居田舍者，毋取酤（沽）酉（酒），田啬夫、部佐谨禁御之，有不从令者有罪”。意思是说不得用余粮酿酒，有不服从这条规定的就犯了刑律。

秦朝之后的西汉是又一个实行禁酒政策的朝代，西汉禁酒的主要措施是“禁群饮”，规定“三人以上无故群饮酒，罚金四两”（见《史记·文帝本纪》）。究其原因，据说是因为西汉政权刚刚建立，根基尚未稳固，怕百姓聚在一起喝酒闹事，有防患于未然之意。

三国时期的曹操和刘备也都提倡禁酒，他们禁酒的主要原因是为了节省粮食。连年战乱，老百姓吃饭都困难，大量消耗粮食酿酒实在不可取。因为禁酒，曹操还杀掉了当时的名士孔融，这也为后世留下了话题。

蒙古人建立的元朝也实行禁酒，但他们的禁酒令并没有在全国统一施行，因为当时各地粮食丰歉不一，所以禁酒也就区别对待了。

第四节　交出你的兵权

朱元璋与赵匡胤维护皇权的手段惊人地相似，其结果也大抵相同。与宋王朝一样，明朝也是中国历史上最文弱的朝代之一……

一杯苦酒苦撑悲情宋朝

大约从周朝开始，拥兵自重的军人开始有了掌控国家的能力，本来受命于帝王的地方军政头目和掌握军权的朝庭要员经常因实力过于强大而失控，甚至会直接威胁到帝王本身，导致朝代更迭。到了宋代，这一现象终于发生了改变，宋太祖赵匡胤建国不久，便以一杯苦酒解除了立下赫赫战功的诸将的兵权，使宋朝成为中国历史上第一个文人治国的王朝。

根据史书记载，赵匡胤坐上皇位本身就是军事政变的结果，后周皇帝柴荣死后，儿子柴宗训只有七岁，身为殿前都点检、归德军节度使的赵匡胤以“帅师御汉”的名义兵至陈桥，逼迫柴宗训禅位，建立起了大宋王朝。皇位坐稳后，赵匡胤时刻担心别人也会以这种手段推翻他，连觉都睡不安稳。于是，他和赵普商量后，决定削减禁军将领的兵权，以绝此类事件的发生，一出“杯酒释兵权”的大戏就此拉开帷幕。

公元961年秋天，赵匡胤将侍卫亲军马步军、都指挥使石守信，殿前都指挥使兼睦州防御使王审琦以及殿前副都点检高怀德等开国功臣请来喝酒，酒至半酣，他喝退左右侍从，举杯对众将帅说：“没有你们的鼎力相助，我也不会坐上这个位置，但我觉得在这个位置上吃不下、睡不着，所以还不如当个节度使。”石守信等人忙问：“陛下现在贵为天子，还有什么忧虑呢？”赵匡胤叹气道：“我就是怕你们将来像我一样被手下人黄袍加身呀。”

石守信等人听了这话，吓得直冒冷汗，急忙伏身跪倒，求赵匡胤指条明路。赵匡胤说：“人生就像太阳照在缝隙里一样，转眼就过去了，如果你们释去兵权，置办好田园府第，天天陪子孙玩耍，与姬妾饮酒欢乐，是多好的事情呀，这样你们自己逍遥快活，我们君臣就不用互相猜忌了！”

石守信等人终于明白了赵匡胤的意思，次日一早，他们相继上表报病，称已不适宜领兵征战，自愿交出了兵权。赵匡胤接到辞呈后十分高兴，宣布免去石守信、王审琦、高怀德等人的禁军职务，又分别赐予他们一些没有实权但薪俸丰厚的闲散官职，放心地让他们回家养老。几年之后，赵匡胤故伎重演，又将永兴军节度使王彦超、安元军节度使武行德和护圆军节度使郭从义等人招入朝中，解除了他们的兵权，彻底消除了武将夺权的隐患。

摆脱了内心的严重困扰后，赵匡胤开始了史上最彻底的兵制改革，他将全国军队分为禁兵、厢兵、乡兵和藩兵四种，实行“兵无固定之将、

宋太祖赵匡胤像

选自《历代帝后像》轴　佚名　收藏于中国台北「故宫博物院」

赵匡胤在「陈桥兵变」中被拥立为皇帝，改元建隆，定国号「宋」，史称宋朝或北宋。

将无固定之兵”的建军之策，并将领兵出征的元帅一职交给文官来做。这样做的结果是，只有在战争爆发时，军事才能一般（常常是不懂军事）的元帅才能见到所带之兵，虽然防止了将帅联合谋反的现象，但是军队的战斗力也受到了很大的影响。纵观整个宋朝，几乎没有取得过一场大型对外战争的胜利，契丹、西夏、辽和金都曾有过欺凌大宋的历史。从北宋到南宋，宋朝总共经历了 319 年，时间不算太短，却处处充满了悲情。一杯开国时的苦酒，彻底融化了大宋的阳刚之气。

庆功酒宴上的火光

赵匡胤“杯酒释兵权”，虽然带走了宋朝的阳刚之气，但也确实维系了赵氏王朝对中国数百年的统治。几百年之后，又一位中国皇帝故伎重施，导演了一出类似的悲剧，只是手段比赵匡胤更为无赖和残忍，这位皇帝就是明太祖朱元璋。

出身贫寒的朱元璋是安徽凤阳人，元朝末年，他投奔在濠州起兵造反的郭子兴，成为其手下的一名亲兵，并因作战勇敢和富于心计获得了郭子兴的赏识，成为他的女婿。郭子兴死后，朱元璋顺理成章地做了这支红巾军的领袖。登上统帅的宝座后，朱元璋依靠刘伯温、徐达等一班谋士将领，横扫蒙古大军和各路起兵反元的起义部队，于公元 1368 年初在应天府称帝，建立明朝。当上皇帝后，朱元璋做过许多顺应民意的事，应该说他并不是一个昏庸的皇帝，只是担心跟随自己的将士们功高盖主，威胁到朱家的江山，才做出了清除功臣勋将的举动。

朱元璋除掉功臣的工具是火药，场所则是一场庆功酒宴。

那时候，明朝刚刚建立不久，跟随朱元璋出生入死的一干臣子还终日纸醉金迷，正翘首以盼着皇上论功行赏，从未想过危险已经来临。当皇上把邀请群臣赴宴庆功的圣旨送来时，这些功臣勋将一个个受宠若惊，以为荣华富贵就在眼前，高高兴兴地奔赴庆功之地。

庆功宴上，朱元璋首先举杯发言，他对臣子们多年来舍身报效的事迹大为赞赏，表示要与大家同享富贵，共赴前程，让他们尽情欢饮。经过朱元璋一番慷慨激昂的演说之后，臣子们忘乎所以，只顾一杯接一杯地豪饮，没发现朱元璋早已离开了庆功酒宴，酒楼的大门也早已被关闭。就在一帮醉臣大肆喧闹、得意忘形的时候，只听“轰隆”一声巨响，埋在酒楼下的火药被点燃了，火光直冲屋顶。醉臣们这时才明白过来，想要冲出去，却发现大门已经反锁，只能和庆功的酒楼一起化为灰烬。

除掉跟随他的一帮低级将领之后，朱元璋又把目光瞄上了徐达、郭德成等一帮生死兄弟，这些兄弟是否仍和自己一心成了他关心的首要问题。为了试探徐达等人的忠心，朱元璋再次以酒为计，先把徐达灌醉，安排他住进朝臣绝不可随便进出的皇帝旧宅，看他有何反应；接着再引郭德成醉酒，趁酒劲暗赐黄金两锭，看其如何带出宫去。徐郭二人聪明透顶，早看透了朱元璋的心思，便极力装醉，以示忠心，让朱元璋相信他们绝无二意，这才得以免去被除之忧。

朱元璋与赵匡胤维护皇权的手段惊人地相似，其结果也大体相同。与宋王朝一样，明朝也是中国历史上最文弱的朝代之一，军人长期不被重视，导致国防力量逐渐削弱，最终给了异族乘虚而入的机会。宋王朝遭蒙古入侵和明王朝被关外满人推翻不能说只是一个巧合。

明太祖朱元璋像

选自《历代帝后像》轴　佚名　收藏于中国台北「故宫博物院」

朱元璋，明朝开国皇帝，年号洪武。朱元璋下令修建了史上赫赫有名的明朝「十六楼」，以供官民、游客休闲享受。

相关链接

少数民族的饮酒风俗

中国是个多民族国家，各地风俗不一，每个民族都有以酒待客的习惯，别有一番风情。

满族人的习惯是喜欢边喝酒边跳舞。如果有客人来到家里，宴会上大家会将一只手持袖放在背后，在迎客歌声的伴奏下盘旋转动，翩翩起舞，歌舞过后敬酒仪式才会开始。

蒙古族人喜欢用一种叫“德吉拉”的礼节迎接客人。客人进门后，主人会手持瓶上糊有酥油的美酒，从上座开始，依次让每位客人在额头抹上酥油，然后主人再拿杯敬酒。

贵州东南一带的苗族则是用牛角酒来敬献客人。每当有客人来到寨门前，美丽的苗家姑娘就会拿起牛角酒敬客，而客人则要双手捧住牛角，全部喝完。

海南等地的黎族人喜欢用山栏酒招待客人，这种酒是黎族人自制的。他们迎接客人时首先要饮酒叙情，称为“腔斧昂”，接着要喝至酣醉，称为“痹熬”，然后还要主宾对唱当地民歌，称为“吞卓丘”。

水族人招待客人一般都是用肝胆酒，以示肝胆相照，苦乐与共。他们在杀猪时，一般都把猪胆留下来。每当客人酒过三巡之后，主人就会拿出已经处理好的猪胆，剪开管口把胆汁倒进酒壶，把酒敬给客人。主人会先给在座的每位各斟一杯，让客人先喝，然后才轮到主人。喝到高潮时，往往要喝交杯酒，即宾主联臂举杯，同时将对方递来的酒饮下，表示心诚。

藏族人招待远方客人都要敬献青稞酒。这种被外宾称为“西藏啤酒”的饮品，酒色微黄，酒味微甜，非常可口。喝酒时，主人斟满一杯，让客人先喝一口，添满再喝一口，这样连添三次喝三口，最后满杯喝干。如果客人不胜酒力，用无名指蘸点酒，举手向右上方弹三下，主人便不再勉强。

第四章 放歌千年

第一节　白日放歌者

在中国历史上，与酒结缘最深的除了上一章提到的帝王将相外，就应是性格特点鲜明的文人名士了，发生在他们身上关于酒的故事，就像一坛陈年老酒，总是让人回味无穷……

陶公有酒不恋官

在中国历史上，自夏桀之后，帝王的酒樽里便常常闪耀着冰冷的剑光，使酒总透出一股淡淡的血腥味，与之相比，文人名士的酒杯则要纯洁得多。从历朝历代无数文人名士的作品中，我们都可以闻到酒的醇香，发生在他们身上关于酒的故事，就像一坛陈年老酒，历久弥新。

东晋名士陶渊明饮酒的故事就很值得品味，“白衣送酒”“我醉欲眠”及“渊明漉酒”等典故都出自他的身上，反映了魏晋南北朝时期的酒文化。

陶渊明即陶潜，著名的田园诗人，生来好酒，写过许多优美的酒诗。以酒入诗，诗中有酒是他做诗的特点，从诗里道出对社会的不满以及对田园生活的向往，他认为只有酒后做出的文章才有味道。在《陶渊明集》现存的一百四十多篇诗文中，谈及酒的竟有五十六篇，大约占到了百分

陶渊明像

选自《橅古双册》（明）陈洪绶

陶渊明，名潜，字元亮，别号五柳先生，私谥靖节，世称靖节先生，中国第一位山水田园诗人。根据《形影神·神释》所载：『日醉或能忘，将非促龄具？』在这一系列诗歌中，陶渊明不仅认为饮酒会伤神，加快衰老，而且认为饮酒不能使悲伤消退。酒似乎只能短暂麻痹陶渊明的心灵，但他酒醒后仍在痛苦的处境中挣扎。

之四十，这将近一半的酒诗也从一个侧面反映了他嗜酒之深。陶渊明幼年时，家境贫困，买不起酒喝，有人请他喝，他从不拒绝，去了就喝，喝醉就走，真正喝得洒脱。陶渊明曾有一个叫颜延之的酒友，在浔阳时俩人几乎天天相聚饮酒。后来，颜延之调任始安郡太守，有一次他路过浔阳，特意到陶渊明家中相聚，挑灯对酌，直到大醉不醒。临别时，颜延之还把两万钱留给陶渊明，让他当作酒钱，陶渊明果然把这些钱全都拿到了酒馆里储存，以便自己可随时取酒，既节省了时间，又不用数钱。

与其说陶渊明喜欢喝酒还不如说他将自己泡在了酒坛里，人生如酒，他对送酒给自己的人都怀有好感，即便是平时不愿打交道的人，也是如此。有一年重阳佳节，陶渊明已经有九天没有喝到一点儿酒了，实在是馋得快要疯掉了，连吃饭睡觉也不得安宁，只好一个人到屋外的菊花丛中呆坐，打发犯酒瘾的难挨。正难受之时，他猛然间抬头看见一个穿着白色衣服的小吏从远处走过来，原来此人正是江州刺史王弘派人来给他送酒的，他不禁心花怒放，欢喜异常，端过酒来，一口气喝了个精光，如痴如醉。王弘早就想与陶渊明叙旧谈天，这次终于实现了，这就是“白衣送酒”的典故。

陶渊明喝酒的风度真是超脱，无人可比。客人来访时，无论身份贵贱，他都会以酒相待，一醉方休，而且不拘常礼。如果他先喝醉了，就会对客人说：“我喝醉了，必须得睡觉，你自己离开吧！”然后便自行睡去。除此之外，陶渊明喝酒时不拘小节的事儿还有很多，古时候的酒酿成后会有渣滓，酒熟后陶渊明急着想饮时，就会解下头上的葛布漉酒，过滤完了再重新把葛布戴回头上去，从不在意别人的反应。

身为东晋名士，陶渊明也曾步入仕途。他先后就任过江州祭酒、建威参军、镇军参军等职，四十一岁时还被举荐做过彭泽县令。陶渊明每次做官都做不长，原因就在于他不愿被官场束缚，无拘无束饮酒赋诗才是他向往的生活。就任彭泽县令后，他首先令人把县衙的公田都种上能酿酒的糯稻，连口粮都忘了考虑。当县令期间，他整天饮酒赋诗，从不像其他官员那样去巴结权贵，迎合上级。有一次，郡里的督邮来到彭泽视察，陶渊明只因不愿折腰迎送，便辞官回家，专心过起了饮酒做诗的田园生活。此后，朝廷鉴于他的名气，又曾多次招他为官，他一概不应。在酒与诗之中，陶渊明找到了属于自己的人生快乐和心灵慰藉。

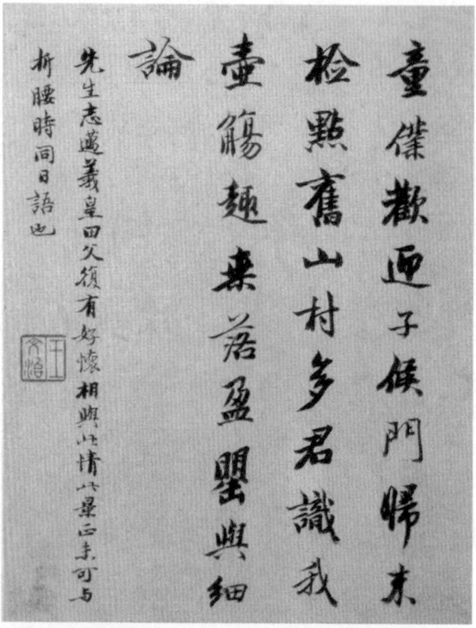

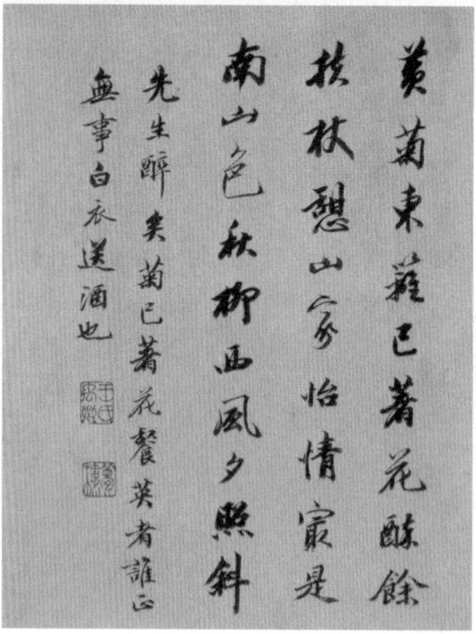

《陶渊明诗意图》册

（清）石涛　收藏于北京故宫博物院

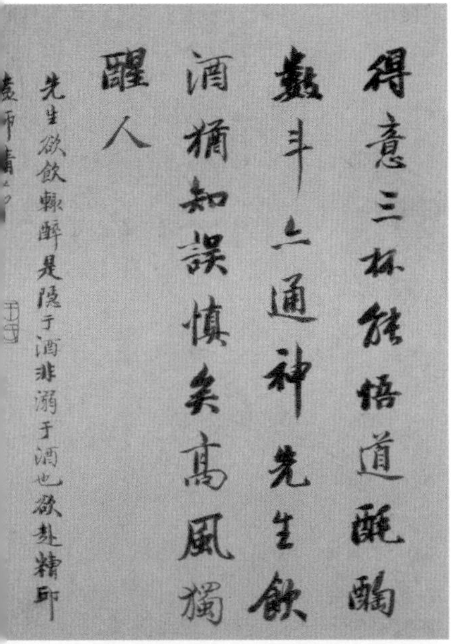
得意三杯能悟道酕醄
數斗亦通神先生飲
酒猶知誤慎矣高風獨
醒人
先生欲飲輒醉是隱于酒非溺于酒也欲赴精耶

若復不快
飲空負頭
上巾但恨多
謬誤君當
恕醉人

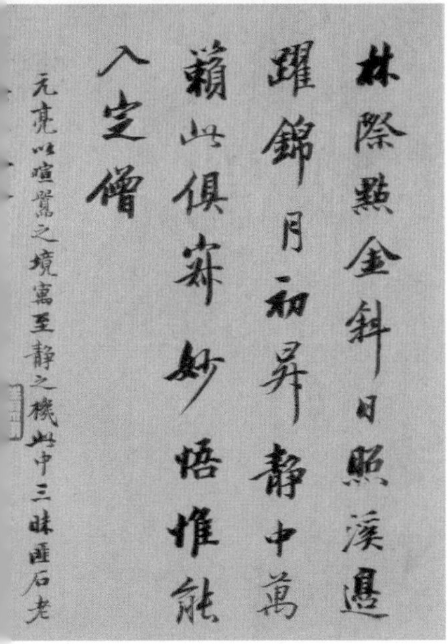
林際點金斜日照溪邊
躍錦月初昇靜中萬
籟此俱寂妙悟惟能
入定僧
元亮以喧囂之境寓至靜之機此中三昧匪石老

狗吠深巷中雞鳴桑樹巔

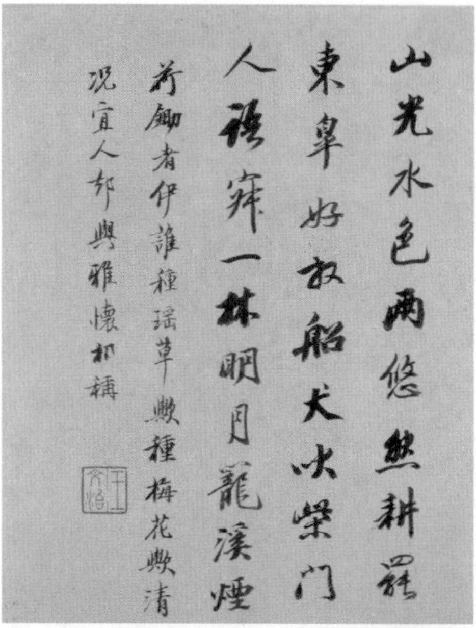
山光水色兩悠然耕罷
東皋好放船犬吠柴門
人語寂一林明月龍溪煙
蒔卿者伊誰種瑶草歟種梅花歟清
況宜人卻興雅懷相稱

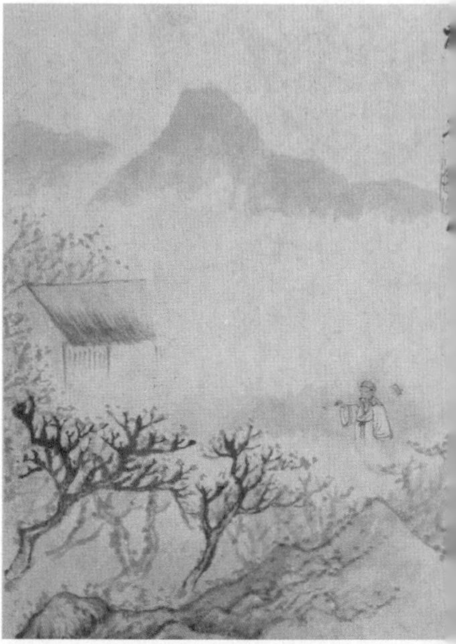

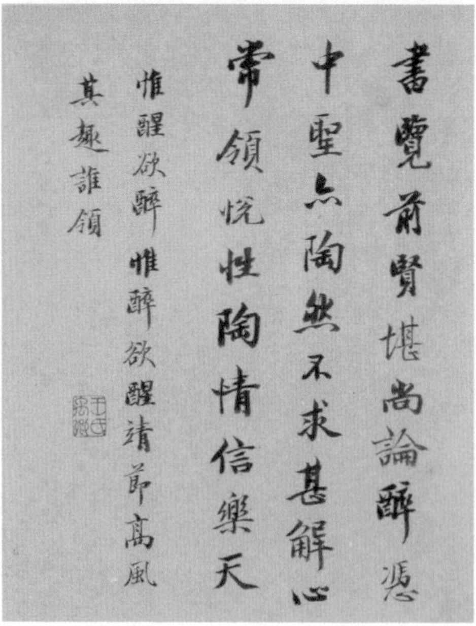
書覽前賢堪尚論醉憑
中聖占陶然不求甚解心
常領悅性陶情信樂天
惟醒欲醉惟醉欲醒請節高風
其趣誰領

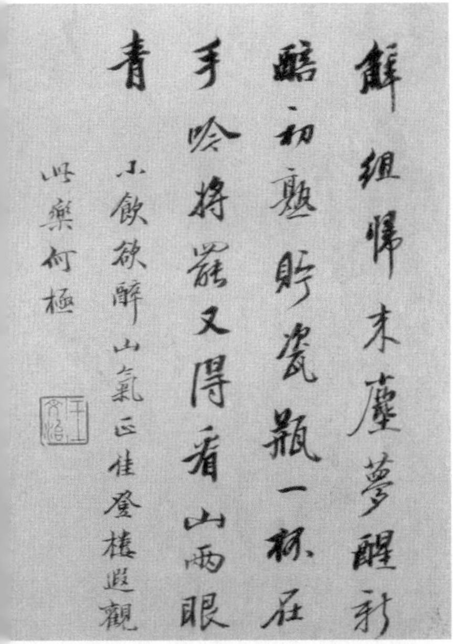
觧組歸來塵夢醒新
醅初熟貯瓷瓶一杯在
手吟將罷又得看山兩眼
青
小飲欲醉山氣正佳登樓遐觀
此樂何極

平生不止酒止
酒情無喜

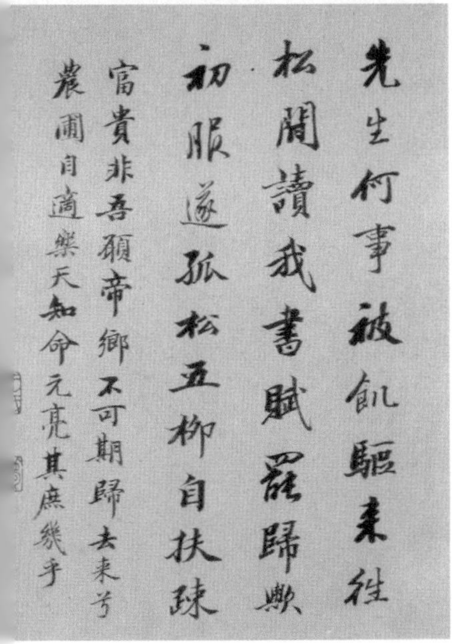
先生何事被飢驅來往
松間讀我書賦罷歸歟
初服遂孤松五柳自扶疏
富貴非吾願帝鄉不可期歸去來兮
農圃自適樂天知命元亮其庶幾乎

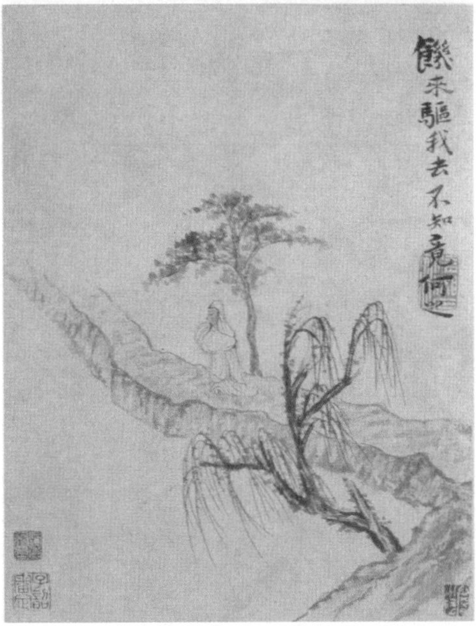
飢來驅我去不知竟何之

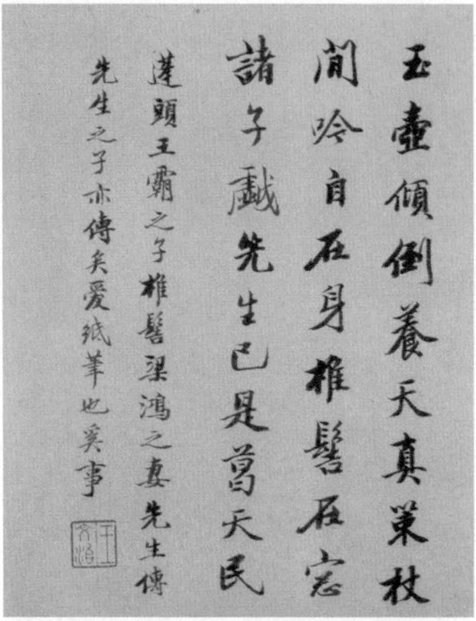

玉壺傾倒養天真策杖
閒吟自在身椎髻在宅
諸子戲先生已是葛天民
蓬頭王霸之子椎髻梁鴻之妻先生傳
先生之子亦傳矣愛紙筆也奚事

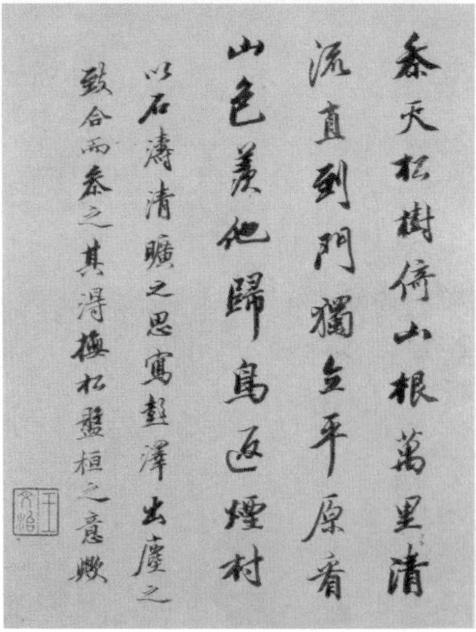

參天松樹倚山根萬里清
流直到門獨立平原看
山色羨他歸鳥返煙村
以石濤清曠之思寫彭澤出塵之
致合而參之其得撫松盤桓之意歟

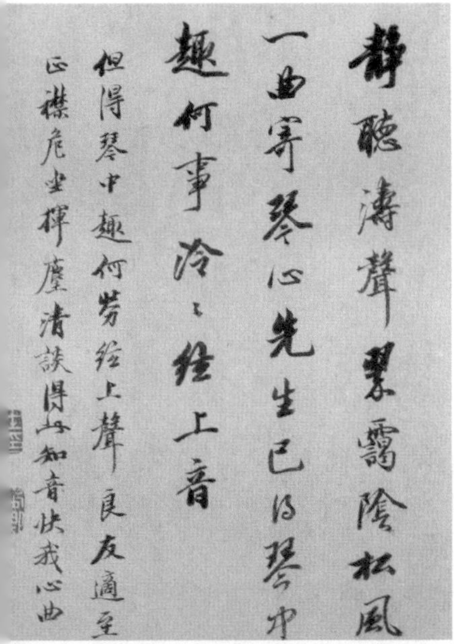
靜聽濤聲翠靄陰松風
一曲寄琴心先生已得琴中
趣何事泠泠絃上音
但得琴中趣何勞絃上聲良友適至
正襟危坐揮麈清談得此知音快我心曲

東方有一
士被服常
不完三旬
九遇食十
年著一冠

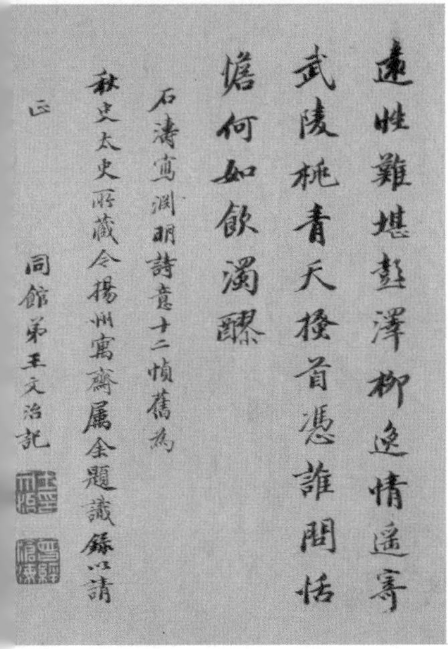
遠性難堪彭澤柳逸情遙寄
武陵桃青天搔首憑誰問恬
憺何如飲濁醪
石濤寫淵明詩意十二幀舊為
秋史太史所藏今揚州寓齋屬余題識錄以請
正
同館弟王文治記

清晨聞
叩門倒
裳往自
開問子
為誰歟
田父有

饮中八仙醉盛唐

饮中八仙指的是唐朝八位嗜酒如命的名士，著名诗人杜甫曾专门为他们写过这样一首诗：

知章骑马似乘船，眼花落井水底眠。
汝阳三斗始朝天，道逢麴车口流涎，
恨不移封向酒泉。左相日兴费万钱，
饮如长鲸吸百川，衔杯乐圣称世贤。
宗之潇洒美少年，举觞白眼望青天，
皎如玉树临风前。苏晋长斋绣佛前，
醉中往往爱逃禅。李白一斗诗百篇，

长安市上酒家眠。天子呼来不上船，
自称臣是酒中仙。张旭三杯草圣传，
脱帽露顶王公前，挥毫落纸如云烟。
焦遂五斗方卓然，高谈雄辩惊四筵。

按诗中所写的顺序，这八个人依次是三品大员贺知章、汝阳郡王李琎、左丞相李适之、吏部尚书崔宗之、信奉佛教的苏晋、诗仙李白、书法家张旭和名流焦遂。一一数过来，这八人每一个都是响当当的人物，其中贺知章应与李白一起归为诗人，李适之和崔宗之为官宦，苏晋、张旭与焦遂应算名流，李琎是皇族，他们与酒的故事值得被关注。

贺知章被排在了饮中八仙的第一位，他既是一位嗜酒如命的官员，又是一位豪放旷达的诗人，但正是因为拥有诗人的身份，才让他的名声永垂不朽。诗人在唐朝地位极高，数不胜数，这些诗人中写过酒的粗略估算就达八百多人，酒诗总数有七千七百多首，占唐诗总数的百分之十四以上。王之焕、陈子昂、孟浩然以及白居易等诗人都曾经与酒结缘，并被传为佳话。贺知章与饮中八仙里另一位诗人李白的酒事，不过是众多诗人与酒故事中的两个亮点。

贺知章让人最难忘的酒事是“金龟换酒”，说的是他与诗仙李白偶然相识，相见恨晚，便携手去酒店豪饮。二人谈天论地，指点江山，好不痛快，把酒喝到了“骑马似乘船”的意境，但到了结账的时候，一起傻眼了。因为出来得匆忙，两人身上都没有带银两。一番尴尬之后，贺知章毅然解下了身上佩戴的金龟，偿付酒债。据说金龟是朝廷赐予官员的信物，身为秘书郎的贺知章敢用皇上御赐之物换酒，可见他的为人非常豪爽。

李白是唐朝诗人中又一豪放之人，是后世公认的“诗仙”。他绝妙

始朝天道
逢麴車口
流涎恨不
移封向酒
泉
左相日興費
萬錢飲如長
鯨吸百川銜
杯樂聖稱避
賢

蘇晉長
齋繡佛
前醉中
往往愛
逃禪

焦遂五斗方
卓然高談雄
辯驚四筵
乾隆丙午
孟冬下澣
御筆

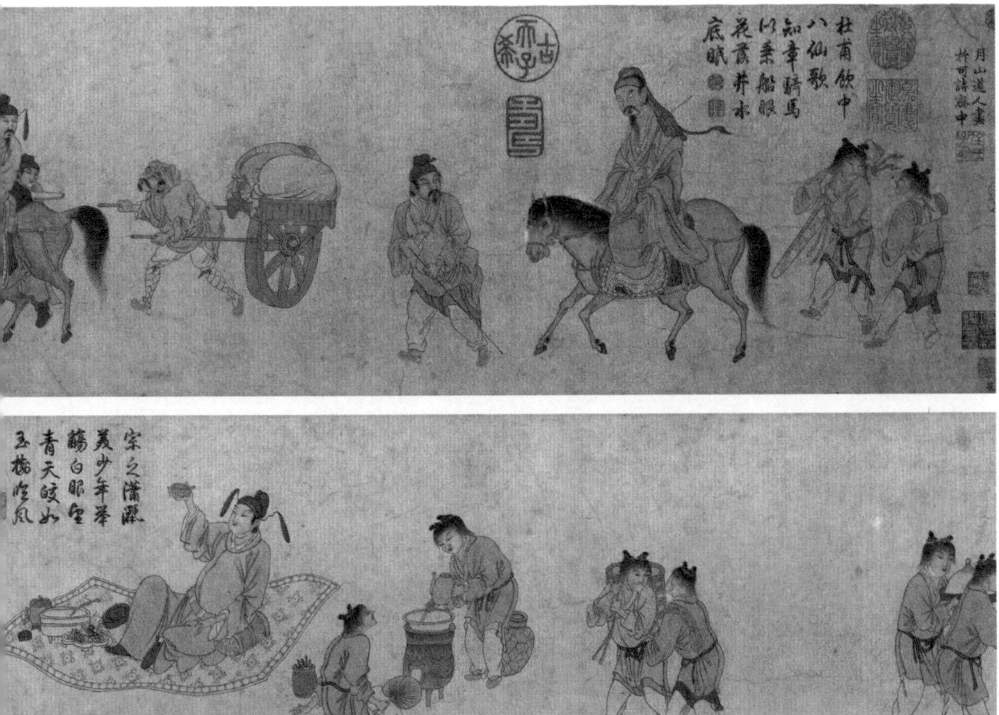

《饮中八仙图》卷（元）任仁发 收藏于中国台北『故宫博物院』

饮中八仙指唐朝嗜酒的八位文人。根据《新唐书·李白传》记载，崔宗之、张旭、李白、苏晋、贺知章、李适之、汝阳王李琎、焦遂为『酒中八仙人』。

的诗篇绝大多数都是在醉酒状态下写成的，让人翻卷便能闻到酒香，看到其恃才傲物、狂放不羁的气质。唐天宝初年，四十多岁的李白应召入京做翰林供奉。在京城中，他亲眼目睹了杨国忠等权臣当政，而真正有才能的人得不到重用，心情非常郁闷，每天只能沉醉在酒中。一天，他刚与张旭、贺知章饮酒回来，被玄宗叫去沉香亭作牡丹诗。趁着酒劲儿未消，李白先是让权倾朝野的高力士替他脱靴，接着又让杨贵妃的堂哥杨国忠在一旁磨墨，着实将一干权贵戏弄个够。之后，李白挥笔写出了“云想衣裳花想容，春风拂槛露华浓”的名句，让玄宗不由得赞不绝口。李白醉酒戏权贵虽然出了心中的一口恶气，也因此得罪了高力士、杨国忠等人，高杨二人轮番在玄宗面前说李白的坏话，使玄宗渐渐地疏远了他。眼看仕途无望，李白辞官还乡，过起了饮酒作诗、游历四方的浪漫生活。

除了贺知章和李白，“饮中八仙”中的另外几位名士也都有着内容丰富的酒事。如李琎自封“酿王兼曲部尚书”，苏晋醉中逃禅，张旭酒后书狂草等，他们的举动让盛唐的酒风和文风都充满了一股豪放之气。

醉写番表

清代天津杨柳青年画。唐朝开元年间，李白入京应试。因为不肯贿赂主考官高力士和杨国忠，从而名落孙山。后黑蛮国命使臣以梵文贡表进呈，群臣没有人能辨识。贺知章举荐李白，称他或能通晓。玄宗当即诏宣。李白宣读蛮书，一字不讹，玄宗又命其草诏以宣国威。李白见杨国忠、高力士侍立一旁，忆起昔日之辱，请旨令杨国忠磨墨，高力士脱靴，玄宗准奏。

文弱宋朝的豪放酒徒

宋代诗词以其优美动人的风格著称，婉约凄美是宋代词人的一派风格。有意思的是，这些写出凄美诗词的宋人对酒并没有表现出任何软弱的态度，前边提到的李清照，她身为一个满腹愁绪的女子，也曾在酒后写出过“生当作人杰，死亦为鬼雄”的名句，欧阳修、苏轼及石延年等人就更不必说，他们饮酒的豪放程度有时比唐人更胜一筹。

欧阳修与酒的最大渊源是他写过一篇叫作《醉翁亭记》的散文，该文以生动的语言描写了他在醉翁亭饮酒的情景，其中“醉翁之意不在酒”的名句流传甚广，现在已成为人们形容做着某件事情却怀有其他目的的

《苏轼像》
（元）赵孟頫
苏轼，『唐宋八大家』之一，宋诗大家，豪放派代表。苏轼非常喜欢亲自动手酿酒，曾著有《酒经》。苏轼在黄州酿过蜜酒；在惠州酿过桂酒。据《东坡志林》记载，苏轼还在海南酿过真一酒和天门冬酒。根据《琼台志》中记载：『真一酒，米、麦、水三者为之。东坡于此尝酿。』苏轼《真一酒》诗中说：『拨雪披云得乳泓，蜜蜂又欲醉先生。稻垂麦仰阴阳足，器洁泉新表裹清。晓日著颜红有晕，春风入髓散无声。人间真一东坡老，与作青州从事名。』

代名词。欧阳修自称为“醉翁”，他的所作所为也确实不辱这名号。据说他在扬州做官的时候，专门让人建造了一座用来宴饮的平山堂，每到夏季来临，便让人摘带露水的荷花，然后请朋友们聚集在堂前，击鼓传花，荷花传到谁手里，谁便喝一杯酒，一直喝到月上柳梢头方才尽兴。身为北宋名士，欧阳修写过无数脍炙人口的作品，其中不少与酒有关。一次，欧阳修与北都太守贾文元对饮，贾文元深知欧阳修的文采，特意吩咐官妓们唱些比较雅致的酒歌。官妓沉思良久，开始吟唱起来，直唱得欧阳修兴高采烈，笑得合不拢嘴，因为这些词曲都是欧阳修所作。贾文元知道后，也不得不叹服欧阳修酒词的影响力。

唐宋八大家之一的苏轼也是一名酒徒，他出身于饮酒世家，祖父、父亲都是酒鬼，弟弟苏辙也当仁不让。在苏氏家族中，苏轼的段位应该算是最高的，因为他不仅会喝酒，还会酿酒。在黄州时，苏轼以大米为主要原料，以少量蜂蜜和蒸面发酵，酿成了一种味道鲜美的米酒，被当时的人们争相品尝。另外，苏轼还在定州酿造中山松醪，在惠州酿过桂酒，真一酒、天门冬酒和蜜柑酒也都是他的独创，他所撰写的酿酒专著《酒经》也是留给后人的一笔宝贵财富。

苏轼善饮善酿，其诗词作品也不可避免地带有酒的味道：“花间置酒清香发，争挽长条落香雪”“东堂醉卧呼不起，啼鸟落花春寂寂”“夜饮东坡醒复醉，归来仿佛三更”。细细品味这些诗句，不难品出酒的醇香。著名学者林语堂说，“苏东坡比起中国其他的诗人更具有多面性天才的丰富感、变化感和幽默感”，谁能说这些灵感不是来自酒中。

与欧阳修同时代的著名文学家石延年才气横溢，生性幽默，是宋朝又一位嗜酒的名家，发生在他身上的一些酒事，比欧阳修和苏轼的还要有趣些。石延年仕途不错，曾出任过秘阁校理、太子中允，喜欢骑马外出，考察民风。一次，石延年喝酒之后到极宁寺游玩，半道上他的随从一时疏忽让马儿受到惊吓，将石延年摔落下来。路人见有官员落马，都非常害怕，生怕他会因怪怨马夫驾驭不力而发怒骂人。只见石延年站起身来，竟说：“幸亏我是石学士，要是瓦学士，不就被它摔碎了。”尽显其随意洒脱的性格。

石延年喜欢酗酒，而且还发明创造了很多怪诞的饮酒方式。有时，他会头发蓬乱，光着脚丫子，戴着罪犯的木枷喝酒，称之为“囚饮”；喝高了，他又会爬上树去，让人递酒给他继续喝，称之为“巢饮”。另外，他还发明了鹤饮、鳖饮和鬼饮等稀奇古怪的饮酒方法，每一种都让人看得瞠目结舌。石延年喝酒的名声越来越大，连宋仁宗也知道了。仁宗怕他喝酒耽误朝政，也担心他的身体健康，就奉劝他戒酒。无奈之下，石延年只好封存酒坛，与酒绝缘，不久竟因此大病不起，最终失去了性命，成为第一位因戒酒而死的名士。

明清名士也恋酒

与唐宋一样，明清两代也有很多文人名士与酒结下不解之缘，自负才华的唐伯虎，聪慧颖悟的徐文长以及文坛巨匠曹雪芹都曾因此留下了千古佳话。

唐伯虎是明代著名的画家和诗人，生性放荡不羁，他信仰佛教，但又嗜酒好色，喜游野寺、妓院及酒肆等去处，是一个极端的享乐主义者。唐伯虎也写诗，但他更大的成就是在绘画上，而且他作画需要喝酒，有酒画得才活。若有人愿意携千种美酒向唐伯虎求画，十有八九会求得佳作。虽然才高八斗，唐伯虎也同其他酒徒一样，经常陷入没钱买酒的窘境，每到这时他就典衣沽酒，先过足了酒瘾，然后再作画卖掉，赎回衣服。唐伯虎是个读书人，但对一些心胸狭隘、附庸风雅的人却颇为反感。

有一次他出游时，在山上看见几个读书人举行诗文酒会，就装作乞丐带着诗上去讨酒喝，不料遭到书生们的好一顿讥讽。于是，唐伯虎以四个“一上”开头，在书生们的讥笑声中写下了“一上一上又一上，一上直到高山上。举头红日白云低，四海五湖皆一望”的佳句，把轻视他的书生们戏弄得目瞪口呆。

与唐伯虎同一朝代的徐文长也是一位“饮中”高手，他生在官宦世家，精通琴、棋、书、画、诗、文、戏曲、音乐、舞剑及骑术，是一位颇受人尊重的怪才。徐文长嗜酒成性，留下许多佳话，其中有一个与唐伯虎戏弄书生的故事很相似，说起来颇为有趣。这个故事说的是徐文长有一天去酒店饮酒时，几个廪生恰好也在店中对饮，且边饮酒边高谈阔论，称徐文长并无真才实学，只是想法有些怪异罢了。徐文长一听，匿名上前求教，双方以酒壶为题作诗比赛，商定输的一方奉上一桌酒席。开始比试后，几位廪生你争我抢，却吟不出一首像样的诗来。徐文长见状不慌不忙，信手写了以下几句：

点秋香

清代苏州桃花坞年画。明代才子唐伯虎到苏州板塘寺闲游，结识了一位名叫华鸿山的大学士。其丫鬟秋香貌美出众，随主人出游。唐伯虎对她一见钟情，秋香亦含笑而别。没过多久，唐伯虎看到秋香陪着主人乘船游湖，便买船登舟靠近秋香船旁，但仍未能通言相问。他思念秋香心切，于是改名换姓，把自己卖到了华鸿山公馆作陪读，这让他与秋香的距离逐渐拉近。日久，华鸿山喜爱唐伯虎才识过人，赐婢成家，唐伯虎乃点秋香为妻同归。华鸿山再游苏州，唐伯虎穿解元（考上举人的第一名）衣，邀华鸿山至家，并引妻子相见，华鸿山这才知道，之前在家陪读的正是当代才子唐伯虎。

《列仙酒牌》

（清）任熊

《列仙酒牌》所列仙人48位，逐一注释，饮酒法则，形式多种，为清代画家任熊的线描代表作品。酒牌，又称酒筹、叶子，顾名思义，是饮酒助兴的工具，一般是在长五寸，宽三寸的硬纸片印上酒令及版画而成。

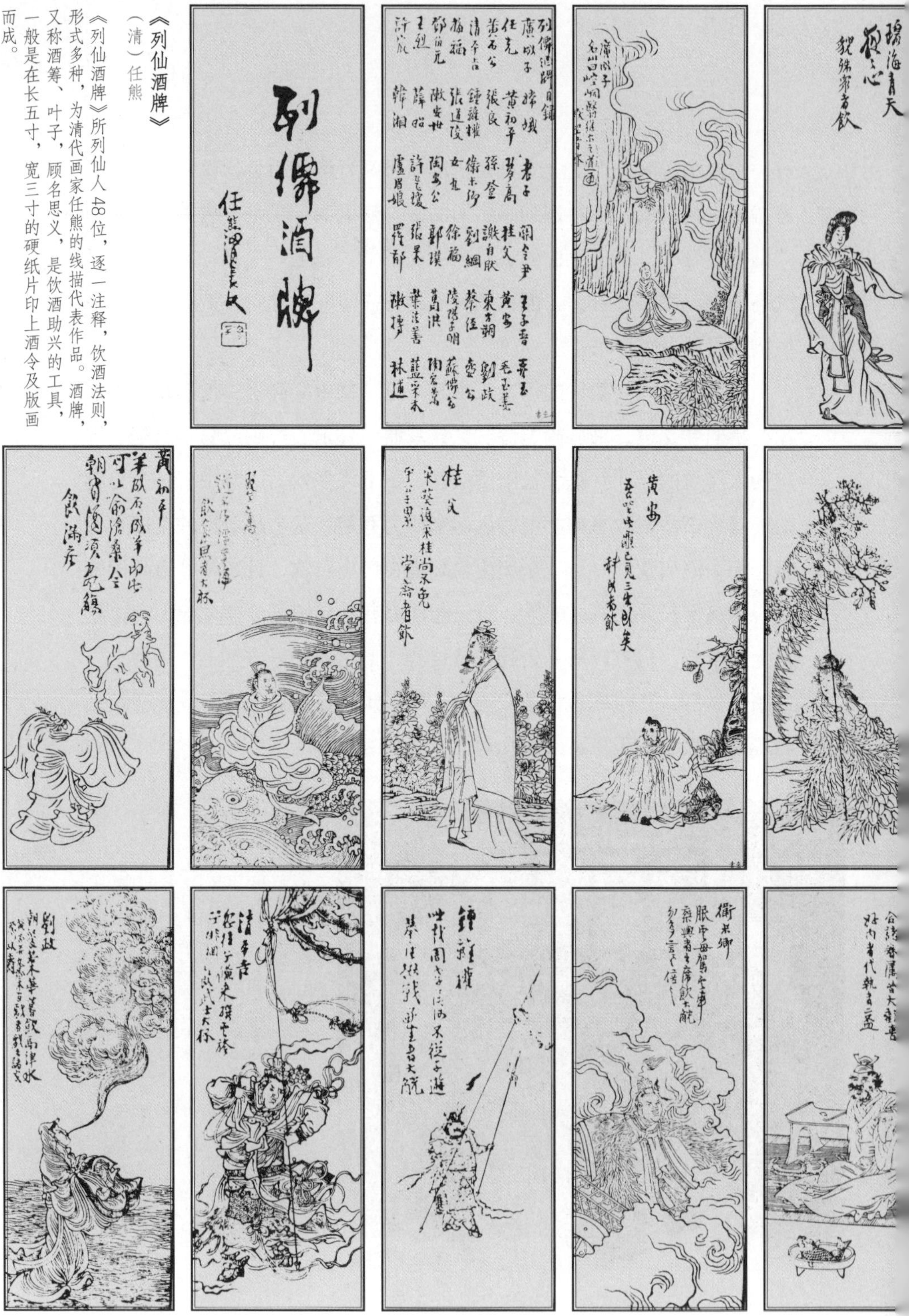

老子

關令尹

王子晉
左挹浮丘袖右拍洪崖肩

弄玉

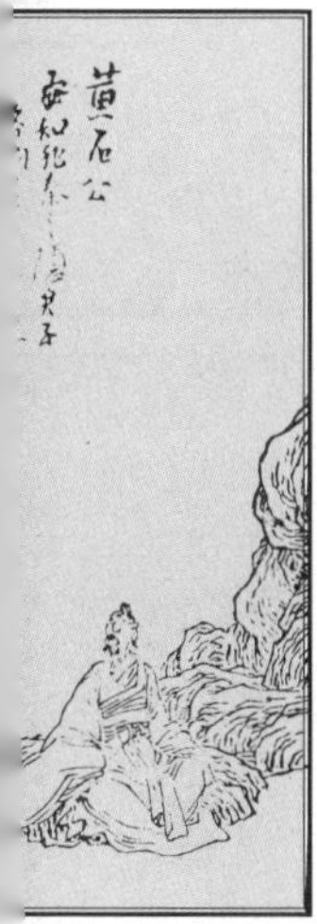
黃石公

張良

東方朔
振劍割肉何壯也
好肉食者飲

蔡經

壺公
壺中日月長
投壺不中者飲

梅福
隱于監門誰識子真

張道陵

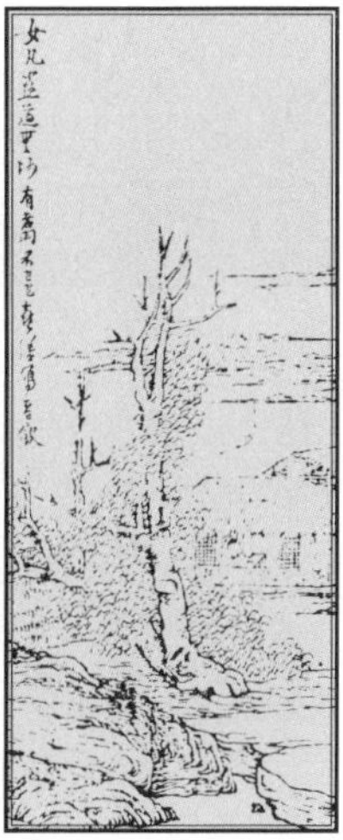

蘇仙公

鄧伯元

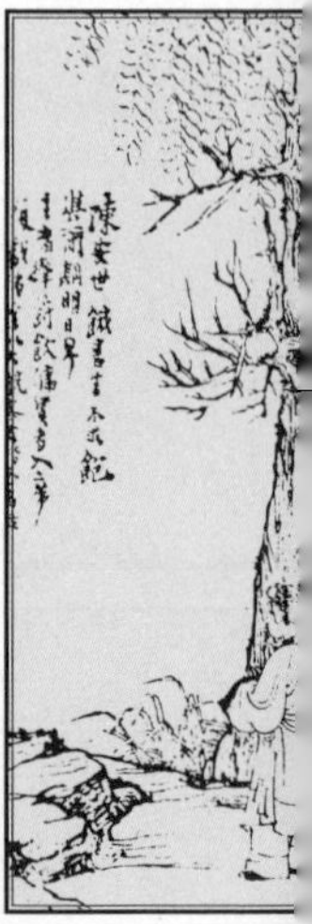
陳安世

許飛瓊

張果

陶安公

郭璞

葛洪

謳歌 樓居者飲

韓湘

盧眉娘

林逋

嘴儿尖尖背儿高，才免饥寒便自豪。

量小岂能容大器，两三寸水起波涛。

几位廪生听了徐文长的吟颂，也觉得此诗不错，只是完全不明白其中的含义。直到酒店伙计指出这首诗就是在讽刺他们，并且说出了眼前写诗之人就是徐文长，廪生们才品出了其中的味道，一个个羞愧难当，争先恐后地逃出了酒店。徐文长既为自己争得了面子，又赢了一桌美酒佳肴，高兴得合不拢嘴，很快便喝得酩酊大醉了。

与以上两位名家相比，《红楼梦》的作者曹雪芹的酒事就少了些许洒脱。他嗜酒如命，但因家境贫寒，没有买酒的钱，只能以画换酒，有时画卖不出去，就去赊酒或乞酒，经常被人看不起。曹雪芹最贫困的时候曾居住在北京西郊，好友郭诚、郭敏两兄弟经常来这里与他相聚饮酒、吟诗作画，给了他很多的帮助。有一年深秋，曹雪芹从西郊来到京城，寄宿在郭敏家中。他因为有心事，没睡好，早早就起了床，独自在院中闲逛。那时秋霜正寒，曹雪芹衣裳单薄，又冷又饿，只想求一碗热酒暖身，遂把酒瘾勾了上来，简直不能忍受，差点儿想砸开主人家的门去讨酒喝。正焦急时，郭敏的弟弟郭诚来找哥哥，一见曹雪芹便欣喜异常，相携来到附近一家小酒店沽酒对饮。酒过三巡才发现二人均无酒钱。于是敦诚解下佩刀，调侃地说：“这刀虽然锋利，可是把它变卖了，还买不了一头耕牛，拿它去上阵杀敌，又没有咱俩的份儿，还不如将它作抵押，润润咱们的嗓子。”曹雪芹听了大呼痛快，不由得被朋友的这份豪情感动。

曹雪芹用十年的时间写成了《红楼梦》这部长篇巨著，书中对贾府盛大而风雅的酒筵描写很多，酒筵上公子小姐们吟诗行令的场面让无数读者羡慕不已，这又何尝不是曹雪芹梦寐以求的欢乐盛宴呢。

《投壶图》

（清）任伯年　收藏于中国美术馆

投壶是中国古代士大夫宴会时在席间常玩的一种投掷游戏。投壶是把箭向壶里投，投中多的为胜；负者按照规定的杯数喝酒。《醉翁亭记》中的『射』指的就是『投壶』。根据《礼记传》记载：『投壶，射之细也。燕饮有射以乐宾，以习容而讲艺也。』

相关链接

酒 令

酒令是一种宴会上助兴取乐的饮酒游戏，最早诞生于西周，隋唐时期具备了基本的形态。酒令分为雅令和通令两种，雅令一般行令较为文雅，是高品位文人名流最喜欢的饮酒助兴方式。行雅令时，要先推出一名大家都认可的令官，以诗句或对子出题，其他人按首令之意引经据典，分韵联吟，当席构思续令，所续内容与形式必须与上句相符，否则就会被罚饮酒。字词令、诗语令、女儿令等都属于雅令。与雅令相比，通令较为简单，也更为热闹，其喧闹嘈杂的气氛很适合普通百姓的口味，因此流传甚广。最常见的通令形式有划拳、掷骰、抽签、击鼓传花等。其中划拳也叫作“猜拳”，行令双方同时伸出手指并各说一个数，谁叫出他们手指相加的数字，谁就是赢家；输家只能认输喝酒。这也是目前各地应用最多的行令方式。

第二节 诗韵·词韵·酒韵

中国酿酒与饮酒的历史已有五千多年，中国古代诗歌的发展史也有四千多年，在这漫长的岁月中，诗与酒结下了难解之缘，历代文人名士中有许多人都写下过优美的酒诗……

帝京篇十首（其八）

李世民

欢乐难再逢，芳辰良可惜。
玉酒泛云罍，兰肴陈绮席。
千钟合尧禹，百兽谐金石。
得志重寸阴，忘怀轻尺璧。

早春夜宴

武则天

九春开上节，千门敞夜扉。
兰灯吐新焰，桂魄朗圆辉。
送酒惟须满，流杯不用稀。
务使霞浆兴，方乘泛洛归。

唐太宗像

选自《历代帝后像》轴 佚名 收藏于中国台北『故宫博物院』

唐太宗李世民，唐朝第二位皇帝。对内以文治天下，对外开疆扩土，开创『贞观之治』，被其他少数民族尊称为『天可汗』。

过酒家五首（其二）

王 绩

此日长昏饮，非关养性灵。
眼看人尽醉，何忍独为醒。

醉 后

王 绩

阮籍醒时少，陶潜醉日多。
百年何足度，乘兴且长歌。

谢公楼

张九龄

谢公楼上好醇酒，三百青蚨买一斗。
红泥乍擘绿蚁浮，玉盌才倾黄蜜剖。

赠李十四四首（其二）

王 勃

小径偏宜草，空庭不厌花。
平生诗与酒，自得会仙家。

九 日

王 勃

九日重阳节，开门有菊花。
不知来送酒，若个是陶家。

醉中作

张　说

醉后乐无极，弥胜未醉时。
动容皆是舞，出语总成诗。

九日进茱萸山诗五首（其二）

张　说

黄花宜泛酒，青岳好登高。
稽首明廷内，心为天下劳。

春　兴

贺知章

泉疑横琴膝，花黏漉酒巾。
杯中不觉老，林下更逢春。

少年行四首（其一）

王　维

新丰美酒斗十千，咸阳游侠多少年。
相逢意气为君饮，系马高楼垂柳边。

渭城曲

王　维

渭城朝雨浥轻尘，客舍青青柳色新。
劝君更尽一杯酒，西出阳关无故人。

贺知章像

选自《古圣贤像传略》清刊本　（清）顾沅/辑录，（清）孔莲卿/绘

贺知章，唐朝著名诗人，与张旭、张若虚、包融并称为『吴中四士』；与李白、李适之等合称为『饮中八仙』；又与宋之问、毕构、王维、陈子昂、李白、卢藏用、王适、孟浩然、司马承祯合称为『仙宗十友』。

张九龄像

选自《古圣贤像传略》清刊本　（清）顾沅/辑录，（清）孔莲卿/绘

张九龄，唐朝名相，著名诗人。张九龄担任丞相期间为『开元盛世』作出了卓越的贡献。

王维像

选自《古圣贤像传略》清刊本　（清）顾沅/辑录，（清）孔莲卿/绘

王维，唐朝著名诗人，号摩诘居士，与孟浩然合称为『王孟』。『味摩诘之诗，诗中有画；观摩诘之画，画中有诗。』（苏轼《书摩诘〈蓝田烟雨图〉》）

王勃像

选自《古圣贤像传略》清刊本　（清）顾沅/辑录，（清）孔莲卿/绘

王勃，唐朝著名文人，与卢照邻、杨炯、骆宾王合称为『初唐四杰』，著名作品为《滕王阁序》。

龙标野宴

王昌龄

沅溪夏晚足凉风，春酒相携就竹丛。
莫道弦歌愁远谪，青山明月不曾空。

送卢判官南湖

刘长卿

漾舟仍载酒，愧尔意相宽。
草色南湖绿，松声小署寒。
水禽前后起，花屿往来看。
已作沧洲调，无心恋一官。

春望寄王涔阳

刘长卿

清明别后雨晴时，极浦空颦一望眉。
湖畔春山烟点点，云中远树墨离离。
依微水戍闻钲鼓，掩映沙村见酒旗。
风暖草长愁自醉，行吟无处寄相思。

寒夜张明府宅宴

孟浩然

瑞雪初盈尺，寒宵始半更。
列筵邀酒伴，刻烛限诗成。
香炭金炉暖，娇弦玉指清。
醉来方欲卧，不觉晓鸡鸣。

游凤林寺西岭

孟浩然

共喜年华好，来游水石间。

烟容开远树，春色满幽山。

壶酒朋情洽，琴歌野兴闲。

莫愁归路暝，招月伴人还。

将进酒

李　白

君不见，黄河之水天上来，奔流到海不复回。

君不见，高堂明镜悲白发，朝如青丝暮成雪。

人生得意须尽欢，莫使金樽空对月。

天生我材必有用，千金散尽还复来。

烹羊宰牛且为乐，会须一饮三百杯。

岑夫子，丹丘生，将进酒，杯莫停。

与君歌一曲，请君为我倾耳听。

钟鼓馔玉不足贵，但愿长醉不复醒。

古来圣贤皆寂寞，惟有饮者留其名。

陈王昔时宴平乐，斗酒十千恣欢谑。

主人何为言少钱，径须沽取对君酌。

五花马、千金裘，呼儿将出换美酒，与尔同销万古愁。

行路难三首（其一）

李　白

金樽清酒斗十千，玉盘珍羞直万钱。

停杯投箸不能食，拔剑四顾心茫然。
欲渡黄河冰塞川，将登太行雪满山。
闲来垂钓碧溪上，忽复乘舟梦日边。
行路难！行路难！多歧路，今安在？
长风破浪会有时，直挂云帆济沧海。

少年行二首（其二·节选）

李 白

五陵年少金市东，银鞍白马度春风。
落花踏尽游何处，笑入胡姬酒肆中。

金陵酒肆留别

李 白

风吹柳花满店香，吴姬压酒唤客尝。
金陵子弟来相送，欲行不行各尽觞。
请君试问东流水，别意与之谁短长。

把酒问月

李 白

青天有月来几时，我今停杯一问之。
人攀明月不可得，月行却与人相随。
皎如飞镜临丹阙，绿烟灭尽清辉发。
但见宵从海上来，宁知晓向云间没。
白兔捣药秋复春，嫦娥孤栖与谁邻。
今人不见古时月，今月曾经照古人。

古人今人若流水，共看明月皆如此。
唯愿当歌对酒时，月光长照金樽里。

客中行

李　白

兰陵美酒郁金香，玉碗盛来琥珀光。
但使主人能醉客，不知何处是他乡。

月下独酌四首（其一）

李　白

花间一壶酒，独酌无相亲。
举杯邀明月，对影成三人。
月既不解饮，影徒随我身。
暂伴月将影，行乐须及春。
我歌月徘徊，我舞影零乱。
醒时相交欢，醉后各分散。
永结无情游，相期邈云汉。

寒食寄京师诸弟

韦应物

雨中禁火空斋冷，江上流莺独坐听。
把酒看花想诸弟，杜陵寒食草青青。

《李白咏诗》

（清）阙岚　收藏于上海博物馆

李白，唐朝著名浪漫主义诗人，被后世誉为『诗仙』。李白嗜酒，有『李白一斗诗百篇』的说法。

戏问花门酒家翁

岑　参

老人七十仍沽酒，千壶百瓮花门口。
道傍榆荚仍似钱，摘来沽酒君肯否。

送李少府时在客舍作

高　适

相逢旅馆意多违，暮雪初晴候雁飞。
主人酒尽君未醉，薄暮途遥归不归。

饮中八仙歌

杜　甫

知章骑马似乘船，眼花落井水底眠。
汝阳三斗始朝天，道逢麴车口流涎，恨不移封向酒泉。
左相日兴费万钱，饮如长鲸吸百川，衔杯乐圣称世贤。
宗之潇洒美少年，举觞白眼望青天，皎如玉树临风前。
苏晋长斋绣佛前，醉中往往爱逃禅。
李白一斗诗百篇，长安市上酒家眠。
天子呼来不上船，自称臣是酒中仙。
张旭三杯草圣传，脱帽露顶王公前，挥毫落纸如云烟。
焦遂五斗方卓然，高谈雄辩惊四筵。

独酌成诗

杜　甫

灯花何太喜，酒绿正相亲。

醉里从为客，诗成觉有神。
兵戈犹在眼，儒术岂谋身。
共被微官缚，低头愧野人。

赠李白

杜　甫

秋来相顾尚飘蓬，未就丹砂愧葛洪。
痛饮狂歌空度日，飞扬跋扈为谁雄。

少年行

杜　甫

马上谁家薄媚郎，临阶下马坐人床。
不通姓字粗豪甚，指点银瓶索酒尝。

饮李十二宅

张　继

重门敞春夕，灯烛霭馀辉。
醉我百尊酒，留连夜未归。

暮春感怀（其二）

戴叔伦

四十无闻懒慢身，放情丘壑任天真。
悠悠往事杯中物，赫赫时名扇外尘。
短策看云松寺晚，疏帘听雨草堂春。
山花水鸟皆知己，百遍相过不厌频。

孟浩然像

选自《古圣贤像传略》清刊本　（清）顾沅／辑录，（清）孔莲卿／绘

孟浩然，唐朝著名山水田园派诗人。后世将其与同为山水诗人的王维合称为『王孟』。

刘长卿像

选自《古圣贤像传略》清刊本　（清）顾沅／辑录，（清）孔莲卿／绘

刘长卿，唐朝著名诗人，著有传世名篇《逢雪宿芙蓉山主人》。

李贺像

选自《古圣贤像传略》清刊本　（清）顾沅／辑录，（清）孔莲卿／绘

李贺，唐朝著名浪漫主义诗人。李贺因其善用『鬼仙之辞』，被后世誉为『诗鬼』。

杜甫像

选自《古圣贤像传略》清刊本　（清）顾沅／辑录，（清）孔莲卿／绘

杜甫，唐朝著名现实主义诗人，与李白合称为『李杜』。杜甫在诗歌艺术上的造诣极深，他本人被称为『诗圣』，他的诗被称为『诗史』。

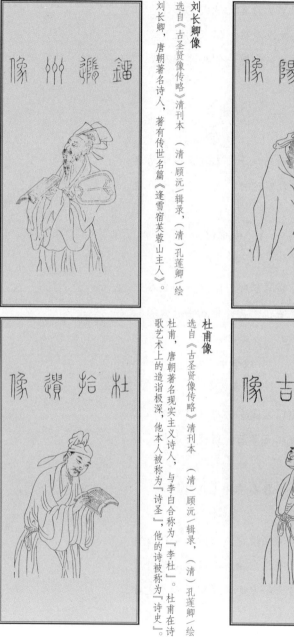

山　居

戴叔伦

麋鹿自成群，何人到白云。
山中无外事，终日醉醺醺。

感春四首（其四）

韩　愈

我恨不如江头人，长网横江遮紫鳞。
独宿荒陂射凫雁，卖纳租赋官不嗔。
归来欢笑对妻子，衣食自给宁羞贫。
今者无端读书史，智慧只足劳精神。
画蛇著足无处用，两鬓霜白趋埃尘。
乾愁漫解坐自累，与众异趣谁相亲。
数杯浇肠虽暂醉，皎皎万虑醒还新。
百年未满不得死，且可勤买抛青春。

罢郡归洛阳闲居

刘禹锡

十年江海守，旦夕有归心。
及此西还日，空成东武吟。
花间数杯酒，月下一张琴。
闻说功名事，依前惜寸阴。

酬乐天扬州初逢席上见赠

刘禹锡

巴山楚水凄凉地，二十三年弃置身。
怀旧空吟闻笛赋，到乡翻似烂柯人。
沉舟侧畔千帆过，病树前头万木春。
今日听君歌一曲，暂凭杯酒长精神。

春日有感

孟　郊

雨滴草芽出，一日长一日。
风吹柳线垂，一枝连一枝。
独有愁人颜，经春如等闲。
且持酒满杯，狂歌狂笑来。

别　客

张　籍

青山历历水悠悠，今日相逢明日秋。
系马城边杨柳树，为君沽酒暂淹留。

秦王饮酒

李　贺

秦王骑虎游八极，剑光照空天自碧。
羲和敲日玻璃声，劫灰飞尽古今平。
龙头泻酒邀酒星，金槽琵琶夜枨枨。
洞庭雨脚来吹笙，酒酣喝月使倒行。

银云栉栉瑶殿明，宫门掌事报一更。
花楼玉凤声娇狞，海绡红文香浅清，
黄鹅跌舞千年觥。仙人烛树蜡烟轻，
清琴醉眼泪泓泓。

致酒行

李 贺

零落栖迟一杯酒，主人奉觞客长寿。
主父西游困不归，家人折断门前柳。
吾闻马周昔作新丰客，天荒地老无人识。
空将笺上两行书，直犯龙颜请恩泽。
我有迷魂招不得，雄鸡一声天下白。
少年心事当拿云，谁念幽寒坐呜呃。

酬乐天劝醉

元 稹

神曲清浊酒，牡丹深浅花。
少年欲相饮，此乐何可涯。
沉机造神境，不必悟楞伽。
酡颜返童貌，安用成丹砂。
刘伶称酒德，所称良未多。
愿君听此曲，我为尽称嗟。
一杯颜色好，十盏胆气加。
半酣得自恣，酩酊归太和。
共醉真可乐，飞觥撩乱歌。

独醉亦有趣，兀然无与他。

美人醉灯下，左右流横波。

王孙醉床上，颠倒眠绮罗。

君今劝我醉，劝醉意如何。

饮新酒

元　稹

闻君新酒熟，况值菊花秋。

莫怪平生志，图销尽日愁。

酬白乐天杏花园

元　稹

刘郎不用闲惆怅，且作花间共醉人。

算得贞元旧朝士，几人同见太和春。

狂歌词

白居易

明月照君席，白露沾我衣。

劝君酒杯满，听我狂歌词。

五十已后衰，二十已前痴。

昼夜又分半，其间几何时。

生前不欢乐，死后有馀赀。

焉用黄墟下，珠衾玉匣为。

赏新酒乙晦叔二首（其一）

白居易

尊里看无色，杯中动有光。

自君抛我去，此物共谁尝。

劝　酒

白居易

劝君一盏君莫辞，劝君两盏君莫疑，劝君三盏君始知。

面上今日老昨日，心中醉时胜醒时。

天地迢遥自长久，白兔赤乌相趁走。

身后堆金拄北斗，不如生前一樽酒。

君不见春明门外天欲明，喧喧歌哭半死生。

游人驻马出不得，白舆素车争路行。

归去来，头已白，典钱将用买酒吃。

江南春

杜　牧

千里莺啼绿映红，水村山郭酒旗风。

南朝四百八十寺，多少楼台烟雨中。

九日齐山登高

杜　牧

江涵秋影雁初飞，与客携壶上翠微。

尘世难逢开口笑，菊花须插满头归。

但将酩酊酬佳节，不用登临恨落晖。
古往今来只如此，牛山何必独沾衣。

清　明

杜　牧

清明时节雨纷纷，路上行人欲断魂。
借问酒家何处有？牧童遥指杏花村。

花下醉

李商隐

寻芳不觉醉流霞，倚树沉眠日已斜。
客散酒醒深夜后，更持红烛赏残花。

假　日

李商隐

素琴弦断酒瓶空，倚坐欹眠日已中。
谁向刘灵天幕内，更当陶令北窗风。

醉　著

韩　偓

万里清江万里天，一村桑柘一村烟。
渔翁醉著无人唤，过午醒来雪满船。

元稹像

选自《古圣贤像传略》清刊本 （清）顾沅/辑录，（清）孔莲卿/绘

元稹，唐朝著名文学家。他与白居易共同提倡新乐府运动，一起开创了『元和体』，后世合称其为『元白』。

孟郊像

选自《古圣贤像传略》清刊本 （清）顾沅/辑录，（清）孔莲卿/绘

孟郊，唐朝著名诗人。因其诗作大多反映世态炎凉、民间苦难，故有『诗囚』之称，与贾岛合称为『郊寒岛瘦』。

李商隐像

选自《古圣贤像传略》清刊本 （清）顾沅/辑录，（清）孔莲卿/绘

李商隐，唐朝著名诗人，和杜牧合称为『小李杜』。他是唐代为数不多刻意追求诗美的诗人。他的诗构思巧妙，风格优美。无题诗和爱情诗尤为感伤、凄美、动人，被后世广为传诵。

杜牧像

选自《古圣贤像传略》清刊本 （清）顾沅/辑录，（清）孔莲卿/绘

杜牧，唐朝著名诗人，与李商隐齐名，合称为『小李杜』。

怀博陵故人

贾　岛

孤城易水头，不忘旧交游。
雪压围棋石，风吹饮酒楼。
路遥千万里，人别十三秋。
吟苦相思处，天寒水急流。

杏　花

温庭筠

红花初绽雪花繁，重叠高低满小园。
正见盛时犹怅望，岂堪开处已缤翻。
情为世累诗千首，醉是吾乡酒一樽。
杳杳艳歌春日午，出墙何处隔朱门。

樱桃花

皮日休

婀娜枝香拂酒壶，向阳疑是不融酥。
晚来嵬峨浑如醉，惟有春风独自扶。

贾岛像

选自《古圣贤像传略》清刊本 （清）顾沅/辑录，（清）孔莲卿/绘

贾岛，唐朝著名诗人，被后世誉为『诗奴』。他一生穷愁，苦吟作诗，其诗多写荒凉枯寂之境，长于五律，重词句精炼。与孟郊齐名，后世以『郊寒岛瘦』喻其诗之风格。

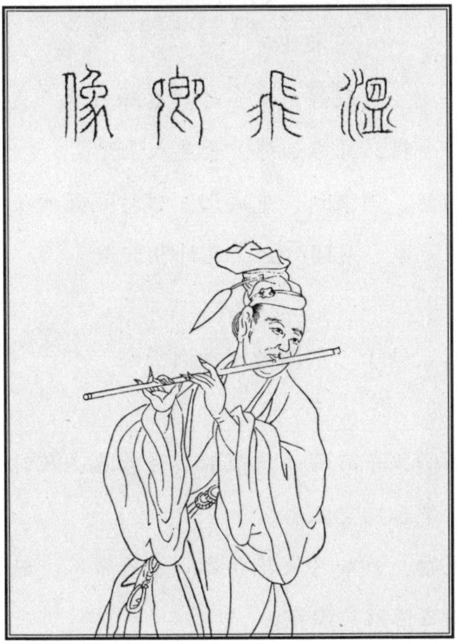

温庭筠像

选自《古圣贤像传略》清刊本 （清）顾沅/辑录，（清）孔莲卿/绘

温庭筠，唐朝著名诗人。他通晓音律，写诗和作词都十分擅长。他的诗与李商隐齐名，合称为『温李』。他的诗华丽、细腻、亮艳，内容多写闺情。他的词更是精练，尤其注重文采和声情，开创了『花间派』，对词的发展产生了巨大影响。在词史上，他与韦庄齐名，合称为『温韦』。在文笔上与李商隐、段成式齐名，三人都排行十六，故合称『三十六体』。

御街行·秋日怀旧

范仲淹

纷纷坠叶飘香砌。夜寂静，寒声碎。真珠帘卷玉楼空，天淡银河垂地。年年今夜，月华如练，长是人千里。

愁肠已断无由醉，酒未到，先成泪。残灯明灭枕头欹，谙尽孤眠滋味。都来此事，眉间心上，无计相回避。

天仙子·水调数声持酒听

张　先

水调数声持酒听，午醉醒来愁未醒。送春春去几时回？临晚镜，伤流景，往事后期空记省。

沙上并禽池上暝，云破月来花弄影。重重帘幕密遮灯。风不定，人初静，明日落红应满径。

木兰花 · 燕鸿过后莺归去

晏　殊

燕鸿过后莺归去，细算浮生千万绪。长于春梦几多时，散似秋云无觅处。

闻琴解佩神仙侣，挽断罗衣留不住。劝君莫作独醒人，烂醉花间应有数。

踏莎行 · 小径红稀

晏　殊

小径红稀，芳郊绿遍，高台树色阴阴见。春风不解禁杨花，蒙蒙乱扑行人面。

翠叶藏莺，朱帘隔燕，炉香静逐游丝转。一场愁梦酒醒时，斜阳却照深深院。

浣溪沙 · 一曲新词酒一杯

晏　殊

一曲新词酒一杯，去年天气旧亭台。

夕阳西下几时回？无可奈何花落去，似曾相识燕归来。

小园香径独徘徊。

蝶恋花 · 伫倚危楼风细细

柳　永

伫倚危楼风细细，望极春愁，黯黯生天际。草色烟光残照里，无言谁会凭阑意。

拟把疏狂图一醉，对酒当歌，强乐还无味。衣带渐宽终不悔，为伊消得人憔悴。

昼夜乐 · 秀香家住桃花径

柳　永

秀香家住桃花径。算神仙、才堪并。层波细翦明眸，腻玉圆搓素颈。爱把歌喉当筵逞。遏天边，乱云愁凝。言语似娇莺，一声声堪听。

洞房饮散帘帏静。拥香衾，欢心称。金炉麝袅青烟，凤帐烛摇红影。无限狂心乘酒兴。这欢娱，渐入嘉境。犹自怨邻鸡，道秋宵不永。

菩萨蛮 · 数间茅屋闲临水

王安石

数家茅屋闲临水，窄衫短帽垂杨里。花是去年红，吹开一夜风。

梢梢新月偃，午醉醒来晚。何物最关情，黄鹂三两声。

饮　酒

苏　轼

我观人间世，无如醉中真。
虚客为锁殒，况乃百忧身。
惜哉知此晚，坐令华发新。
圣人骤难得，日且致贤人。

薄薄酒

苏　轼

胶西先生赵明叔，家贫，好饮，不择酒而醉。常云：薄薄酒，胜茶汤，丑丑妇，胜空房。

其言虽俚，而近乎达，故推而广之以补东州之乐府；既又以为未也，复自和一篇，聊以发览者之一噱云耳。

薄薄酒，胜茶汤；粗粗布，胜无裳；丑妻恶妾胜空房。

五更待漏靴满霜，不如三伏日高睡足北窗凉。

珠襦玉柙万人相送归北邙，不如悬鹑百结独坐负朝阳。

生前富贵，死后文章，百年瞬息万世忙。

夷齐盗跖俱亡羊，不如眼前一醉是非忧乐都两忘。

薄薄酒，饮两钟；

粗粗布，著两重；

美恶虽异醉暖同，丑妻恶妾寿乃公。

隐居求志义之从，本不计较东华尘土北窗风。

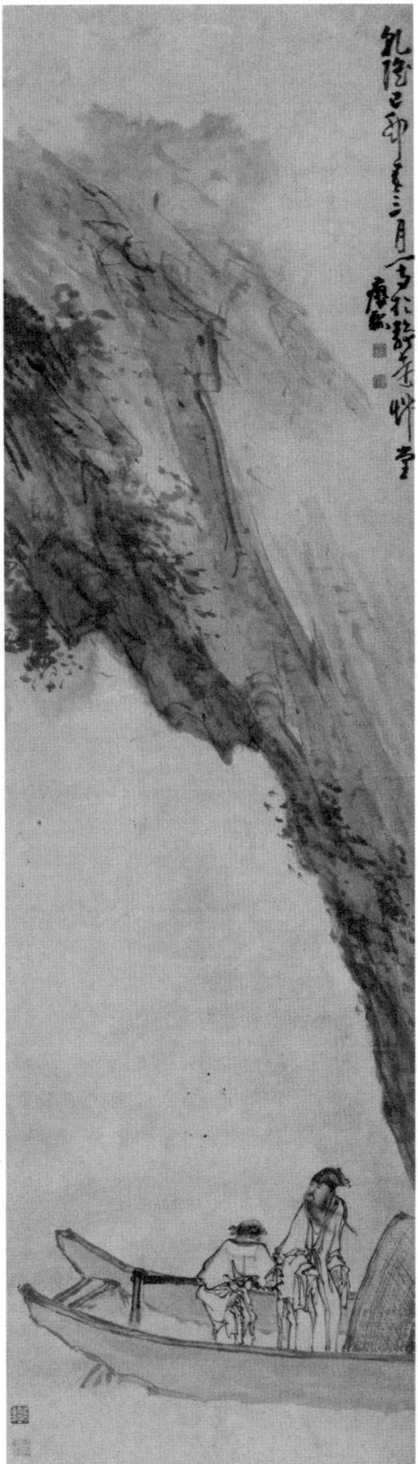

《苏轼乘船游红崖》（宋）黄申

百年虽长要有终，富死未必输生穷。
但恐珠玉留君容，千载不朽遭樊崇。
文章自足欺盲聋，谁使一朝富贵面发红。
达人自达酒何功，世间是非忧乐本来空。

醉睡者

苏　轼

有道难行不如醉，有口难言不如睡。
先生醉卧此石间，万古无人知此意。

浣溪沙·簌簌衣巾落枣花

苏　轼

簌簌衣巾落枣花，村南村北响缫车。牛衣古柳卖黄瓜。
酒困路长惟欲睡，日高人渴漫思茶。敲门试问野人家。

水调歌头·明月几时有

苏　轼

丙辰中秋，欢饮达旦，大醉，作此篇，兼怀子由。

明月几时有？把酒问青天。不知天上宫阙，今夕是何年？我欲乘风归去，又恐琼楼玉宇，高处不胜寒。起舞弄清影，何似在人间。

转朱阁，低绮户，照无眠。不应有恨，何事长向别时圆？人有悲欢离合，月有阴晴圆缺，此事古难全。但愿人长久，千里共婵娟。

吉祥寺赏牡丹

苏　轼

人老簪花不自羞，花应羞上老人头。
醉归扶路人应笑，十里珠帘不上钩。

鹧鸪天·座中有眉山隐客史应之和前韵即席答之

黄庭坚

黄菊枝头生晓寒。人生莫放酒杯干。风前横笛斜吹雨，醉里簪花倒著冠。

身健在，且加餐。舞裙歌板尽清欢。黄花白发相牵挽，付与时人冷眼看。

寄黄几复

黄庭坚

我居北海君南海，
寄雁传书谢不能。
桃李春风一杯酒，
江湖夜雨十年灯。
持家但有四立壁，
治病不蕲三折肱。
想见读书头已白，
隔溪猿哭瘴溪藤。

黄庭坚像

选自《古圣贤像传略》清刊本　（清）顾沅／辑录，（清）孔莲卿／绘

黄庭坚是宋代著名的文学家和书法家。黄庭坚在诗、词和书法等方面取得了巨大成就。他的诗，被苏轼称为『山谷体』。他的书法独具一格，自成一派，和北宋书法家苏轼、米芾、蔡襄齐名，合称为『宋四家』。在文学造诣上，他与苏轼齐名，合称为『苏黄』。

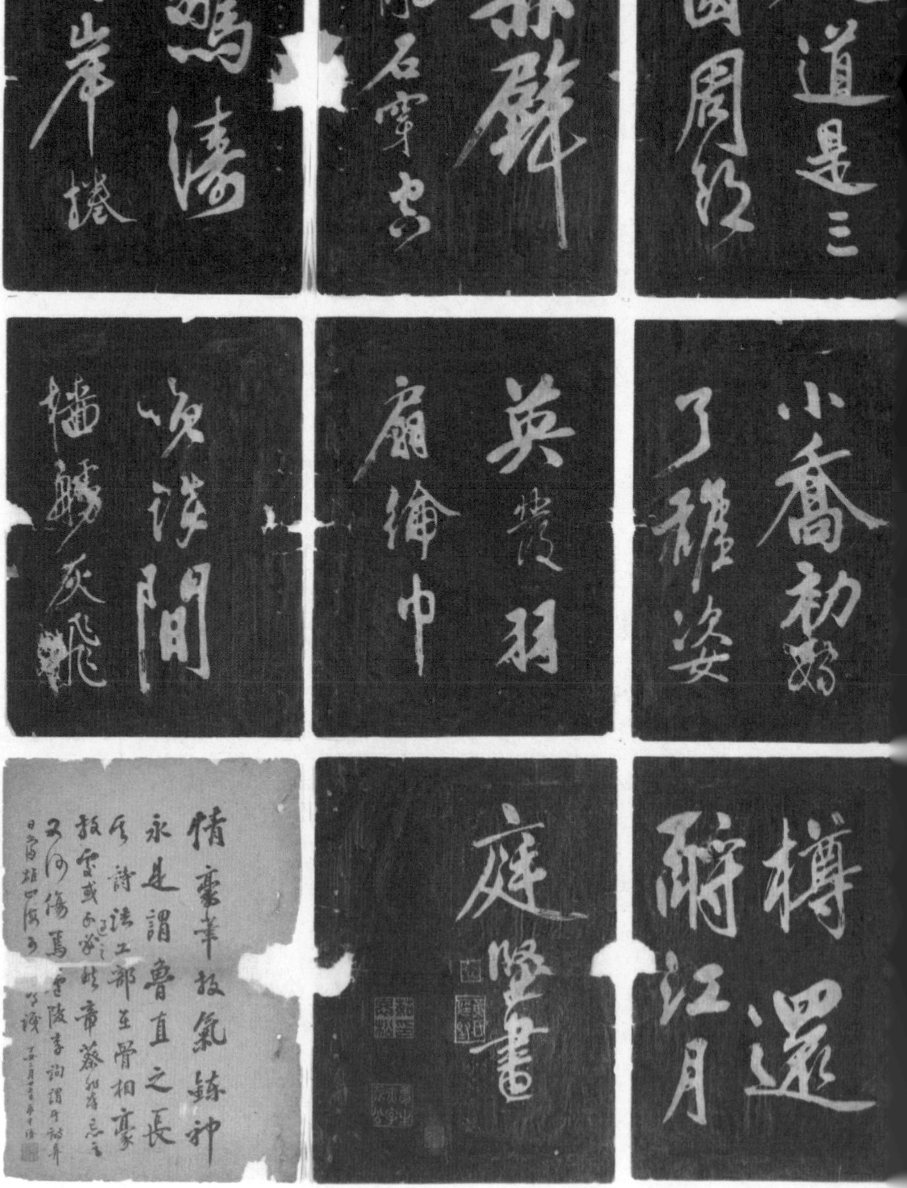
人道是三
國周郎
赤壁
亂石穿空
驚濤
拍岸捲
小喬初嫁
了雄姿
英發羽
扇綸巾
談笑間
檣艣灰飛
樽還
酹江月
庭堅書

《念奴娇·赤壁怀古》

（宋）黄庭坚　收藏于武氏墓群石刻博物馆

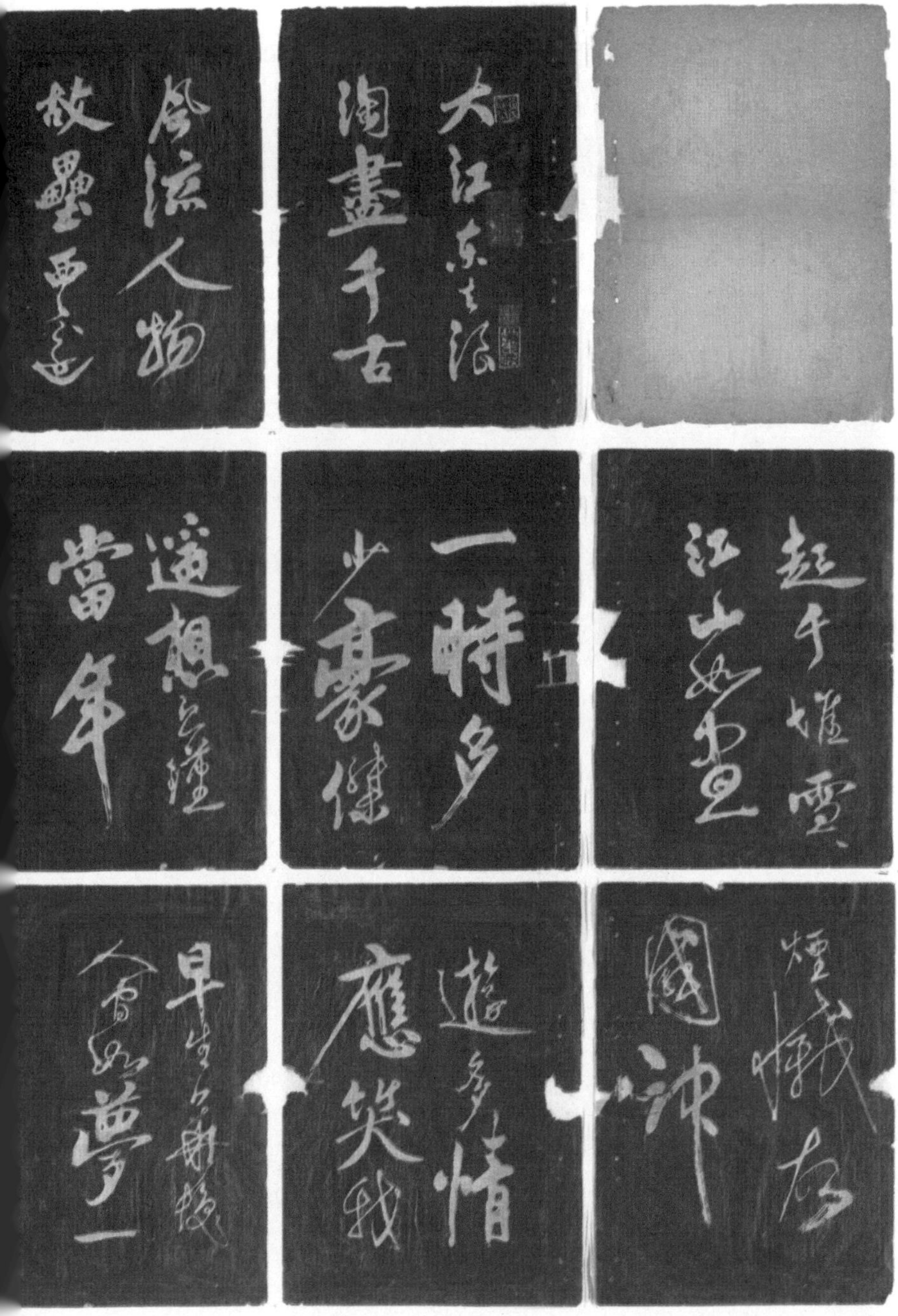

新喻道中寄元明

黄庭坚

中年畏病不举酒，孤负东来数百觞。

唤客煎茶山店远，看人秧稻午风凉。

但知家里俱无恙，不用书来细作行。

一百八盘携手上，至今犹梦绕羊肠。

蝶恋花·卷絮风头寒欲尽

赵令畤

卷絮风头寒欲尽。坠粉飘红，日日香成阵。新酒又添残酒困。今春不减前春恨。

蝶去莺飞无处问。隔水高楼，望断双鱼信。恼乱横波秋一寸。斜阳只与黄昏近。

鹧鸪天·小令尊前见玉箫

晏几道

小令尊前见玉箫。银灯一曲太妖娆。歌中醉倒谁能恨，唱罢归来酒未消。

春悄悄，夜迢迢。碧云天共楚宫遥。梦魂惯得无拘检，又踏杨花过谢桥。

鹧鸪天·醉拍春衫惜旧香

晏几道

醉拍春衫惜旧香。天将离恨恼疏狂。年年陌上生秋草，日日楼中到夕阳。

亲涤溺器

选自《二十四孝图》册

（清）王素

黄庭坚，最为孝顺。虽然身居高位，侍奉母亲却竭尽孝诚。每天晚上，他都亲自为母亲清洗溺器，每一分每一刻都尽到了作为儿子的本分。有诗赞之曰：『贵显闻天下，平生孝事亲。亲自涤溺器，不用婢妾人。』

云渺渺，水茫茫。征人归路许多长。相思本是无凭语，莫向花笺费泪行。

蝶恋花 · 醉别西楼醒不记

晏几道

醉别西楼醒不记。春梦秋云，聚散真容易。斜月半窗还少睡。画屏闲展吴山翠。

衣上酒痕诗里字。点点行行，总是凄凉意。红烛自怜无好计。夜寒空替人垂泪。

阮郎归 · 旧香残粉似当初

晏几道

旧香残粉似当初。人情恨不如。一春犹有数行书。秋来书更疏。

衾凤冷，枕鸳孤。愁肠待酒舒。梦魂纵有也成虚。那堪和梦无。

醉花阴 · 薄雾浓云愁永昼

李清照

薄雾浓云愁永昼，瑞脑消金兽。佳节又重阳，玉枕纱橱，半夜凉初透。

东篱把酒黄昏后，有暗香盈袖。莫道不销魂，帘卷西风，人比黄花瘦。

蝶恋花

选自《花草蝶虫》清绘本　（清）佚名　收藏于奥地利国家图书馆

如梦令 · 常记溪亭日暮

李清照

常记溪亭日暮，沉醉不知归路。
兴尽晚回舟，误入藕花深处。
争渡，争渡，惊起一滩鸥鹭。

声声慢 · 寻寻觅觅

李清照

寻寻觅觅，冷冷清清，凄凄惨惨戚戚。乍暖还寒时候，最难将息。三杯两盏淡酒，怎敌他、晚来风急？雁过也，正伤心，却是旧时相识。

满地黄花堆积。憔悴损，如今有谁堪摘？守着窗儿，独自怎生得黑？梧桐更兼细雨，到黄昏、点点滴滴。这次第，怎一个愁字了得！

菩萨蛮 · 风柔日薄春犹早

李清照

风柔日薄春犹早，夹衫乍著心情好。睡起觉微寒，梅花鬓上残。
故乡何处是，忘了除非醉。沉水卧时烧，香消酒未消。

蝶恋花 · 上巳召亲族

李清照

永夜恹恹欢意少。空梦长安，认取长安道。为报今年春色好。花光月影宜相照。

随意杯盘虽草草。酒美梅酸，恰称人怀抱。醉里插花花莫笑。可怜春似人将老。

蝶恋花·送春

朱淑真

楼外垂杨千万缕。欲系青春，少住春还去。犹自风前飘柳絮，随春且看归何处。

绿满山川闻杜宇。便作无情，莫也愁人苦。把酒送春春不语。黄昏却下潇潇雨。

木兰花·立春日作

陆　游

三年流落巴山道，破尽青衫尘满帽。身如西瀼渡头云，愁抵瞿唐关上草。

春盘春酒年年好，试戴银旛判醉倒。今朝一岁大家添，不是人间偏我老。

对　酒

陆　游

闲愁如飞雪，入酒即消融。
花好如故人，一笑杯自空。
流莺有情亦念我，柳边尽日啼春风。
长安不到十四载，酒徒往往成衰翁。
九环宝带光照地，不如留君双颊红。

襄常嘗見
徑徙頂上三
花非幸眼
關中一竅更
難傳浮魔
偏出無防
後妄幻都
生有象先
若得囬頭揮

乗祥 箬峪顧庭謀書

參人蓬萊訪列仙共酬石乳話通玄
青磁枕熱邪郡道玄滨神賦蕉腐術
九特靈丹永至樂五十遠德築基得
賞來內外皆脫廉世韻參不語桩
半糕居士徐所次韻

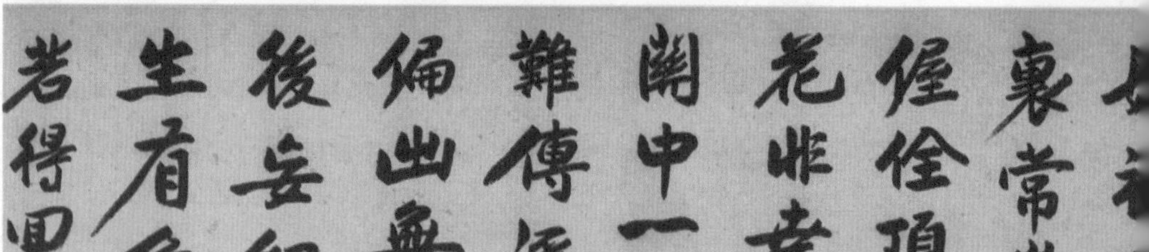

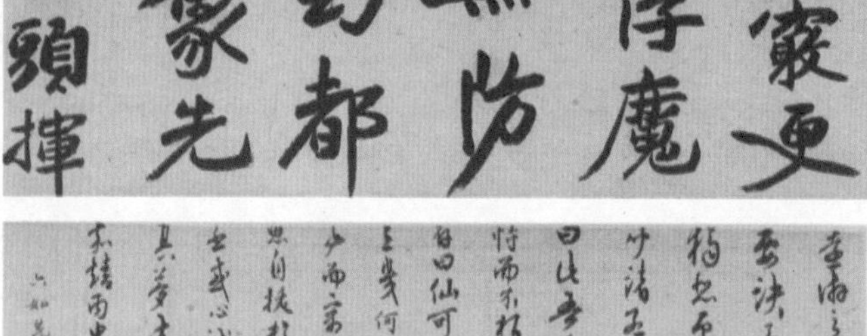

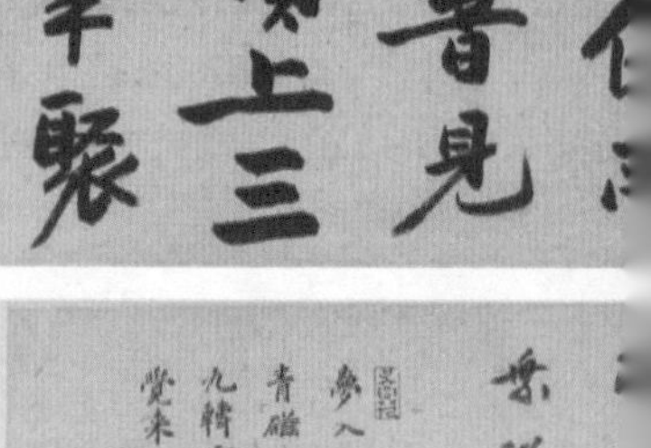

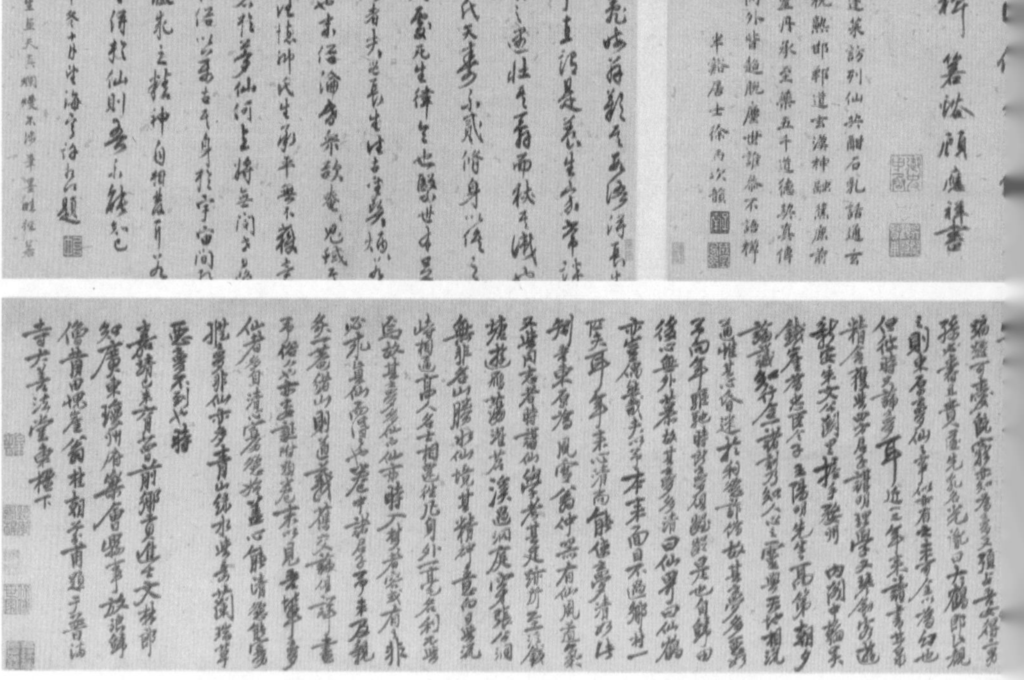

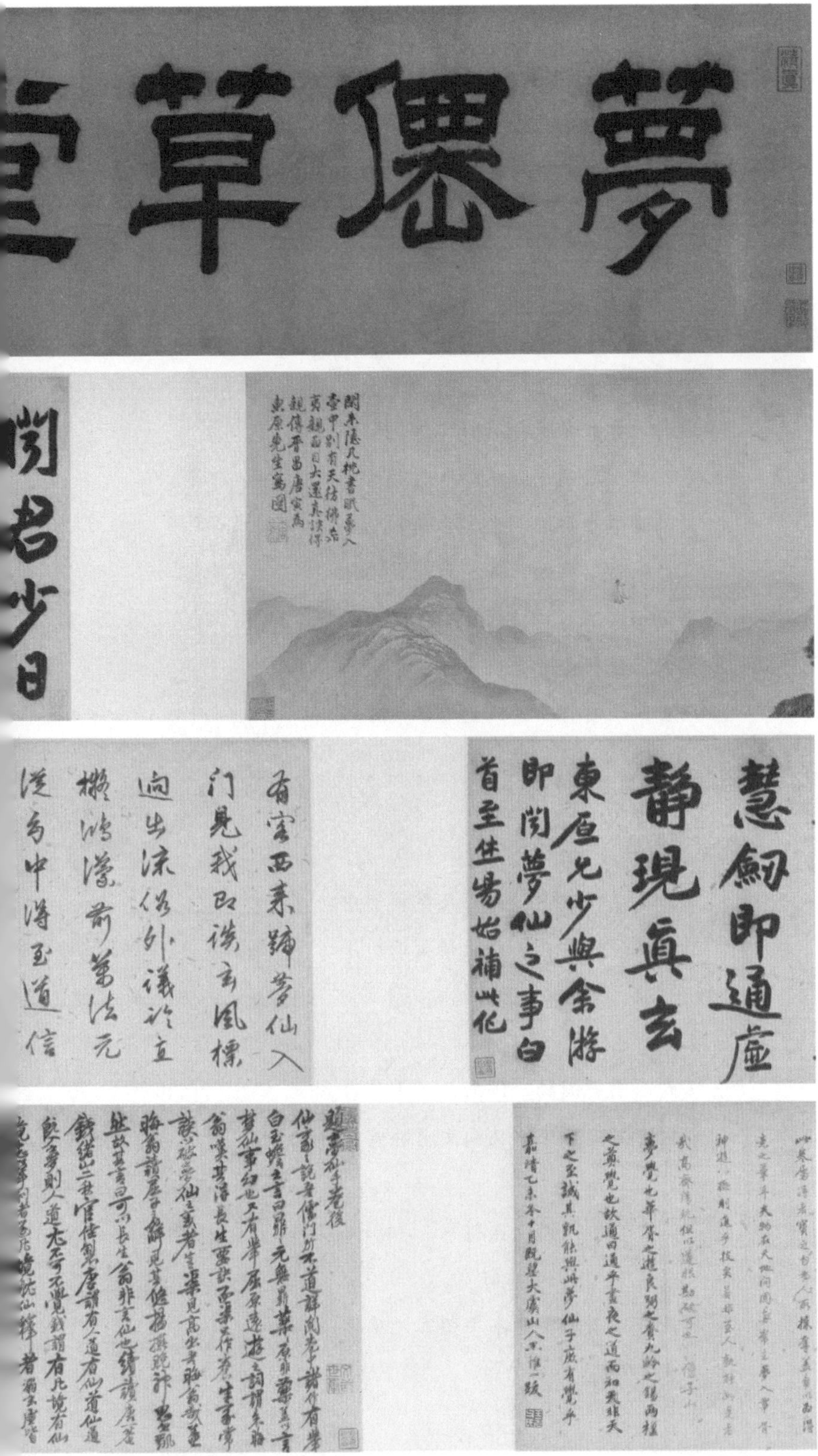

《梦仙草堂图》

（明）唐寅　收藏于美国弗利尔美术馆

画面右实左虚，实处描绘了崇山峻岭，苍松、修竹、瀑布、幽径，草堂坐落于清幽美好的环境中，成为整幅画面的视觉中心。堂中有一高士伏案作『枕书眠』状。虚处约略作连绵山头，空蒙处置一宽袍大袖的士大夫，衣饰整洁，大袖随风飘动似有飘然于仙境之感。图中将『枕书眠』的真实表现引申到『梦入壶中』的幻想境界，并将真实与幻想、现实与想象结合起来，形成一幅带有幻想色彩的画面，让观者对梦幻境界产生联想。

长歌行

陆　游

人生不作安期生，醉入东海骑长鲸；
犹当出作李西平，手枭逆贼清旧京。
金印煌煌未入手，白发种种来无情。
成都古寺卧秋晚，落日偏傍僧窗明。
岂其马上破贼手，哦诗长作寒螀鸣？
兴来买尽市桥酒，大车磊落堆长瓶；
哀丝豪竹助剧饮，如钜野受黄河倾。
平时一滴不入口，意气顿使千人惊。
国仇未报壮士老，匣中宝剑夜有声。
何当凯还宴将士，三更雪压飞狐城！

东　关

陆　游

烟水苍茫西复东，扁舟又系柳阴中。
三更酒醒残灯在，卧听萧萧雨打篷。

文君井

陆　游

落魄西州泥酒杯，酒酣几度上琴台。
青鞋自笑无羁束，又向文君井畔来。

游山西村

陆　游

莫笑农家腊酒浑，丰年留客足鸡豚。

山重水复疑无路，柳暗花明又一村。
箫鼓追随春社近，衣冠简朴古风存。
从今若许闲乘月，拄杖无时夜叩门。

草书歌

陆　游

倾家酿酒三千石，闲愁万斛酒不敌。
今朝醉眼烂岩电，提笔四顾天地窄。
忽然挥扫不自知，风云入怀天借力。
神龙战野昏雾腥，奇鬼摧山太阴黑。
此时驱尽胸中愁，槌床大叫狂堕帻。
吴笺蜀素不快人，付与高堂三丈壁。

鹤鸣亭独饮

辛弃疾

小亭独酌兴悠哉，忽有清愁到酒杯。
四面青山围欲合，不知愁自那边来。

破阵子 · 为陈同甫赋壮词以寄之

辛弃疾

醉里挑灯看剑，梦回吹角连营。八百里分麾下炙，五十弦翻塞外声，沙场秋点兵。

马作的卢飞快，弓如霹雳弦惊。了却君王天下事，赢得生前身后名。可怜白发生！

《江山渔乐图》

（明）王绂　收藏于美国纽约大都会艺术博物馆

西江月·示儿曹以家事付之

辛弃疾

万事云烟忽过，一身蒲柳先衰。而今何事最相宜，宜醉宜游宜睡。

早趁催科了纳，更量出入收支。乃翁依旧管些儿，管竹管山管水。

西江月·遣兴

辛弃疾

醉里且贪欢笑，要愁那得工夫。近来始觉古人书，信著全无是处。

昨夜松边醉倒，问松“我醉何如”？只疑松动要来扶，以手推松曰“去”！

唐多令·芦叶满汀洲

刘　过

安远楼小集，侑觞歌板之姬黄其姓者，乞词于龙洲道人，为赋此《唐多令》。同柳阜之、刘去非、石民瞻、周嘉仲、陈孟参、孟容。时八月五日也。

芦叶满汀洲，寒沙带浅流。二十年重过南楼。柳下系船犹未稳，能几日，又中秋。

黄鹤断矶头，故人曾到否？旧江山浑是新愁。欲买桂花同载酒，终不似，少年游。

《湖亭游骑图》

（唐）李昭道　收藏于中国台北『故宫博物院』

风入松·一春长费买花钱

俞国宝

一春长费买花钱，日日醉湖边。玉骢惯识西湖路，骄嘶过、沽酒垆前。红杏香中箫鼓，绿杨影里秋千。

暖风十里丽人天，花压鬓云偏。画船载取春归去，馀情寄、湖水湖烟。明日重扶残醉，来寻陌上花钿。

赋湖中渔翁

某蜀僧

篮里无鱼欠酒钱，酒家门外系渔船。
几回欲脱蓑衣当，又恐明朝是雨天。

金元酒诗酒词

鹧鸪天·西都作

朱敦儒

我是清都山水郎，天教懒慢带疏狂。曾批给露支风敕，累奏留云借月章。

诗万首，酒千觞，几曾着眼看侯王？玉楼金阙慵归去，且插梅花醉洛阳。

鹧鸪天·赏荷

蔡松年

秀樾横塘十里香，水花晚色静年芳。胭脂雪瘦熏沉水，翡翠盘高走夜光。

山黛远，月波长，暮云秋影蘸潇湘。醉魂应逐凌波梦，分付西风此夜凉。

念奴娇 · 九日作

蔡松年

倦游老眼，放闲身、管领黄花三日。客子秋多茅舍外，满眼秋岚欲滴。泽国清霜，澄江爽气，染出千林赤。感时怀古，酒前一笑都释。千古栗里高情，雄豪割据，戏马空陈迹。醉里谁能知许事，俯仰人间今昔。三弄胡床，九层飞观，唤取穿云笛。凉蟾有意，为人点破空碧。

临江仙 · 自洛阳往孟津道中作

元好问

今古北邙山下路，黄尘老尽英雄。人生长恨水长东。幽怀谁共语，远目送归鸿。

盖世功名将底用，从前错怨天公。浩歌一曲酒千钟。男儿行处是，未要论穷通。

鹧鸪天 · 只近浮名不近情

元好问

只近浮名不近情。且看不饮更何成。三杯渐觉纷华远，一斗都浇块磊平。

醒复醉，醉还醒。灵均憔悴可怜生。《离骚》读杀浑无味，好个诗家阮步兵！

横波亭·为青口帅赋

元好问

孤亭突兀插飞流，气压元龙百尺楼。
万里风涛接瀛海，千年豪杰壮山丘。
疏星澹月鱼龙夜，老木清霜鸿雁秋。
倚剑长歌一杯酒，浮云西北是神州。

饮山亭雨后

刘　因

山如翠浪经雨涨，开轩似坐扁舟上。
西风为我吹拍天，要架云帆恣吾往。
太行一千年一青，才遇先生醉眼醒。
却笑刘伶糟曲底，岂知身亦属螟蛉。

念奴娇

宇文虚中

疏眉秀目。看来依旧是，宣和妆束。
飞步盈盈姿媚巧，举世知非凡俗。
宋室宗姬，秦王幼女，曾嫁钦慈族。
干戈浩荡，事随天地翻覆。
一笑邂逅相逢，劝人满饮，旋旋吹横竹。
流落天涯俱是客，何必平生相熟。
旧日黄华，如今憔悴，付与杯中醁。
兴亡休问，为伊且尽船玉。

元好问像

选自《古圣贤像传略》清刊本　（清）顾沅/辑录，（清）孔莲卿/绘

元好问，金朝末年至大蒙古国时期文学家。他是宋金对峙时期北方文学的主要代表，也是金元之际在文学上承前启后的桥梁，被尊为『北方文雄』『一代文宗』。他擅作诗、文、词、曲。其中，以诗作成就最高，其『丧乱诗』尤为著名；其词为金代一朝之冠，可与两宋名家媲美；他的散曲虽然流传不多，但在当时影响很大，有倡导之功。

刘因像

选自《古圣贤像传略》清刊本　（清）顾沅/辑录，（清）孔莲卿/绘

刘因，元代著名理学家。他著有许多作品流传后世，主要有《四书精要》《易系辞说》等。

念奴娇·天丁震怒

完颜亮

天丁震怒，掀翻银海，散乱珠箔。六出奇花飞滚滚，平填了、山中丘壑。皓虎颠狂，素麟猖獗，掣断真珠索。玉龙酣战，鳞甲满天飘落。

谁念万里关山，征夫僵立，缟带占旗脚。色映戈矛，光摇剑戟，杀气横戎幕。貔虎豪雄，偏裨真勇，共与谈兵略。须拚一醉，看取碧空寥廓。

青杏儿

赵秉文

风雨替花愁。风雨罢，花也应休。劝君莫惜花前醉，今年花谢，明年花谢，白了人头。

乘兴两三瓯。拣溪山好处追游。但教有酒身无事，有花也好，无花也好，选甚春秋。

水调歌头·四明有狂客

赵秉文

昔拟栩仙人王云鹤赠予诗云："寄与闲闲傲浪仙，枉随诗酒堕凡缘。黄尘遮断来时路，不到蓬山五百年。"其后玉龟山人云："子前身赤城子也。"予因以诗寄之云："玉龟山下古仙真，许我天台一化身。拟折玉莲闻白鹤，他年沧海看扬尘。"吾友赵礼部庭玉说，丹阳子谓予再世苏子美也。赤城子则吾岂敢，若子美则庶几焉。尚愧辞翰微不及耳。因作此以寄意焉。

四明有狂客，呼我谪仙人。俗缘千劫不尽，回首落红尘。我欲骑鲸归去，只恐神仙官府，嫌我醉时真。笑拍群仙手，几度梦中身。

倚长松，聊拂石，坐看云。忽然黑霓落手，醉舞紫毫春。寄语沧浪流水，曾识闲闲居士，好为濯冠巾。却返天台去，华发散麒麟。

无　题

柏子庭

一封丹诏未为真，三杯淡酒便成亲。
夜来明月楼头望，惟有嫦娥不嫁人。

明代酒诗酒词

花　酒

唐　寅

戒尔无贪酒与花，才贪花酒便忘家。多因酒浸花心动，大抵花迷酒性斜。酒后看花情不见，花前酌酒兴无涯。酒阑花谢黄金尽，花不留人酒不赊。

桃花庵歌

唐　寅

桃花坞里桃花庵，桃花庵里桃花仙。
桃花仙人种桃树，又摘桃花换酒钱。
酒醒只在花前坐，酒醉还来花下眠。
半醒半醉日复日，花落花开年复年。

但愿老死花酒间，不愿鞠躬车马前。
车尘马足贵者趣，酒盏花枝贫贱缘。
若将富贵比贫者，一在平地一在天。
若将花酒比车马，他得驱驰我得闲。
别人笑我太疯癫，我笑他人看不穿。
不见五陵豪杰墓，无花无酒锄作田。

临江仙·滚滚长江东逝水

杨　慎

滚滚长江东逝水，浪花淘尽英雄。是非成败转头空。青山依旧在，几度夕阳红。

白发渔樵江渚上，惯看秋月春风。一壶浊酒喜相逢。古今多少事，都付笑谈中。

杨慎像

选自《古圣贤像传略》清刊本　（清）顾沅/辑录，（清）孔莲卿/绘

杨慎，明代著名文学家。他博览群书，诗词曲各体皆备，自有一定的风格。他的诗沉酣六朝，揽采晚唐，创为渊博靡丽之词，造诣深厚，独立于风气之外。

柳梢青·修武道中

李　濂

烂漫春游，人生行乐，山水夷犹。
昨夜河阳，今朝修武，明日怀州。
平生雅兴难酬，信辔去，东风紫骝。
问酒花村，题诗松寺，飞梦蓬丘。

念奴娇·凤凰山下

张红桥

凤凰山下，恨声声玉漏、今宵易歇。三叠阳关歌未竟，哑哑栖乌催别。含怨吞声，两行清泪，渍透千重铁。重来休问，尊前已是愁绝。

还忆浴罢描眉，梦回携手，踏碎花间月。漫道胸前怀豆蔻，今日总成虚设。桃叶津头，莫愁湖畔，远树云烟叠。寒灯旅邸，荧荧与谁闲说?

绮罗香·流水平桥

王夫之

读《邵康节遗事》：属纩之际，闻户外人语，惊问所语云何？且云：“我道复了幽州。”声息如丝，俄顷逝矣。有感而作。

流水平桥，一声杜宇，早怕洛阳春暮。杨柳梧桐，旧梦了无寻处。拚午醉，日转花梢，甚夜阑、风吹芳树。到更残，月落西峰，泠然蝴蝶忘归路。

关心一丝别罣，欲挽银河水，仙槎遥渡。万里闲愁，长怨迷离烟雾。任老眼、月窟幽寻，更无人、花前低诉。君知否?

雁字云沉，难写伤心句。

千秋岁·淡烟平楚

刘　基

淡烟平楚，又送王孙去。花有泪，莺无语。芭蕉心一寸，杨柳丝千缕。今夜雨，定应化作相思树。

忆昔欢游处，触目成前古。良会处，知何许？百杯桑落酒，三叠阳关句。情未了，月明潮上迷津渚。

代父送人之新安

陆　娟

津亭杨柳碧毵毵，人立东风酒半酣。

万点落花舟一叶，载将春色过江南。

客中除夕

袁　凯

今夕为何夕，他乡说故乡。

看人儿女大，为客岁年长。

戎马无休歇，关山正渺茫。

一杯椒叶酒，未敌泪千行。

饮　酒

袁宏道

刘伶之酒味太浅，渊明之酒味太深。

非深非浅谪仙家，未饮陶陶先醉心。

清代酒诗酒词

过吴江有感

吴伟业

落日松陵道，堤长欲抱城。
塔盘湖势动，桥引月痕生。
市静人逃赋，江宽客避兵。
廿年交旧散，把酒叹浮名。

太白祠

施闰章

太白骑鲸去，空留采石祠。
当轩千里水，绕屋万松枝。

山月长清夜，江云无尽时。
谁将一尊酒，把臂共论诗！

朝雨下

吴嘉纪

朝雨下，田中水深没禾稼，饥禽聒聒啼桑柘。
暮下雨，富儿漉酒聚俦侣，酒厚只愁身醉死。
雨不休，暑天天与富家秋；
檐溜淙淙凉四座，座中轻薄已披裘。
雨益大；贫家未夕关门卧；
前日昨日三日饿，至今门外无人过。

南乡子·邢州道上作

陈维崧

秋色冷并刀，一派酸风卷怒涛。并马三河年少客，粗豪，皂栎林中醉射雕。

残酒忆荆高，燕赵悲歌事未消。忆昨车声寒易水，今朝，慷慨还过豫让桥。

题秋江独钓图

王士祯

一蓑一笠一扁舟，一丈丝纶一寸钩。
一曲高歌一樽酒，一人独钓一江秋。

莲坡诗话

查为仁

书画琴棋诗酒花，当年件件不离它。
而今七事都更变，柴米油盐酱醋茶。

如梦令 · 万帐穹庐人醉

纳兰性德

万帐穹庐人醉，星影摇摇欲坠。归梦隔狼河，又被河声搅碎。还睡、还睡，解道醒来无味。

卜算子 · 燕子不曾来

蒋春霖

燕子不曾来，小院阴阴雨。一角阑干聚落华，此是春归处。
弹泪别东风，把酒浇飞絮。化了浮萍也是愁，莫向天涯去！

酒垆杂感（其二）

黄景仁

岁岁吹箫江上城，西园桃梗托浮生。
马因识路真疲路，蝉到吞声尚有声。
长铗依人游未已，短衣射虎气难平。
剧怜对酒听歌夜，绝似中年以后情。

绮　怀

黄景仁

几回花下坐吹箫，银汉红墙入望遥。

似此星辰非昨夜，为谁风露立中宵。
缠绵思尽抽残茧，宛转心伤剥后蕉。
三五年时三五月，可怜杯酒不曾消。

自 遣

郑板桥

啬彼丰兹信不移，我于困顿已无辞。
束狂入世犹嫌放，学拙论文尚厌奇。
看月不妨人去尽，对花只恨酒来迟。
笑他缣素求书辈，又要先生烂醉时。

买书歌

陶士璜

十钱买书书半残，十钱买酒酒可餐。
我言舍酒僮曰否，咿唔万卷不疗饥。
斟酌一杯酒适口，我感僮言意良厚。
酒到醒时愁复来，书堪咀处味逾久。
淳于豪饮能一石，子建雄才得八斗。
二事我俱逊古人，不如把书聊当酒。
虽一编残字半蠹鱼，区区蠡测我真愚；秦灰而后无完书。

相关链接

节日与酒

中国是一个节日颇多的文明古国，同时也是一个饮酒大国。目前，举国同庆的节日有春节、元宵节、中和节、寒食节、清明节、端午节、七夕节、中元节、中秋节、重阳节、腊八节、小年和除夕，在这些节日饮特定的酒已成为一种习俗。

春节，即农历正月初一，是祭祀祖先、庆祝丰收、辞旧迎新的日子，这一天饮的酒为屠苏酒、椒花酒（椒柏酒），其寓意是吉祥、康宁、长寿。

元宵节，即农历正月十五，是人们向天宫祈福的日子，这一天要备好五牲、果品和酒等祭品供祭，祭祀完毕后全家人畅饮一番，观灯、看烟火、食元宵，庆祝春节结束。

中和节，即农历二月初一，又称春社日，是祭祀土神、祈

《门神——燃灯道人 赵公明》

清代年画

四月流觞

选自《雍正十二月行乐图》册　（清）郎世宁　收藏于北京故宫博物院

观灯市里

选自《帝鉴图说》法文外销画绘本

（明）佚名　收藏于法国国家图书馆

据记载：『中宗春正月，与韦后微行观灯于市里。』画面描绘了一个非常热闹的场景，长安城里处处张灯结彩。画面中的远景云烟缭绕，红墙琉璃瓦的皇宫若隐若现。月亮高悬在夜空中，时隐时现。其中最引人注目的是高耸入云的灯楼，巍峨壮观，其上遍满了绿色的树枝，装饰着各种各样的灯笼。画面前方祥云瑞气，右侧腊梅怒放，左侧花木吐翠。位于画面中心的是一个繁华的街市，街道两边的房屋粉饰一新，家家户户挂起了花灯，喜气祥和，一派节日景象。

▶**《乾隆帝元宵行乐图》轴**

（清）郎世宁　收藏于北京故宫博物院

画面中描绘了清朝乾隆皇帝与皇室子弟们在宫中庆贺元宵节的场景。元宵节又称『上元节』『小正月』『元夕』或『灯节』，是农历新年后的第一个重要节日。按照中国民间的传统，在这个皓月高悬的夜晚，人们不仅吃意寓团圆美满的元宵，而且还会点燃成千上万的彩灯，燃放烟花，猜灯谜。画面中乾隆皇帝坐在楼阁上，正安详地目视着皇族子弟们庆贺元宵节。

花篮灯

选自《升平乐事图》册　（清）佚名

收藏于中国台北『故宫博物院』

蝙蝠风筝
选自《升平乐事图》册 （清）佚名 收藏于中国台北『故宫博物院』

《嫦娥执桂图》（明）唐寅 收藏于美国纽约大都会艺术博物馆

《香山九老图》（明）周臣 收藏于天津博物馆

《月中桂兔图》（清）蒋溥 收藏于北京故宫博物院

《春社迎祥图》（清）黄钺 收藏于中国台北『故宫博物院』

九月重阳赏菊

选自《月曼清游图册》册　（清）陈枚　收藏于北京故宫博物院

九月赏菊

选自《雍正十二月行乐图》册　（清）郎世宁　收藏于北京故宫博物院

《卖春联之图》

佚名

放鞭炮

选自《升平乐事图》册　（清）佚名　收藏于中国台北『故宫博物院』

《寒食帖》

（宋）苏轼　收藏于中国台北『故宫博物院』

北宋元丰二年，苏轼谪居黄州（今湖北黄冈）。第三年（元丰五年）四月寒食日，他因季节的变化、生活的贫困和仕途的挫折有感而发，于是写了两首寒食诗。后来，书写成本卷，被誉为苏轼存世最好的书迹，卷后有黄庭坚的题词。

《明宪宗元宵行乐图》

（明）佚名　收藏于国家博物馆

画面中描绘的是明宪宗朱见深正月十五在内廷观灯、看戏、放爆竹行乐的热闹场面。

《玩菊图》

（明）陈洪绶　收藏于中国台北『故宫博物院』

拜贺尊长图

选自《年节习俗考全图》清绘本　（清）佚名

求丰收的日子，这一天要饮中和酒、宜春酒，意在消除耳疾，所以，中和节饮的酒又被称为“治聋酒”。

清明节，约在公历四月五日，是扫墓踏青的日子，带上喜爱的酒上坟祭祀逝去的先人是这一天人们共同的做法。

端午节，即农历五月初五，又称为端阳节、重五节、女儿节等，这一天要饮菖蒲酒和雄黄酒，意在辟邪、除恶和解毒。

中秋节，即农历八月十五，又称仲秋节、团圆节，赏月饮酒是这一天人们主要的欢庆形式，所饮的酒是桂花酒，取别名为团圆酒、赏月酒。

重阳节，即农历九月初九，又叫重九节和茱萸节，登高赏菊饮酒是这一天的习俗，所饮之酒主要是菊花酒，另外还有茱萸酒、茱菊酒、黄花酒、薏苡酒、桑落酒、桂酒等。

除夕，即农历十二月三十，饮“年酒”，这一天人们饮罢酒后通宵守岁，祈盼来年兴旺。

第三节　粉墨春秋醉古今

醉戏是中国戏曲不可缺少的部分，其涉及内容之广泛，剧目数量之庞大，表现手法之丰富是世界上其他剧种所没有的。由于表演上的需要，醉戏中有不少程式化表现醉酒状态的动作，这些动作使醉戏的表演更具象征意义……

酒戏人生

戏曲是表现人生的艺术，就像人生离不开酒一样，戏曲与酒的关系也非常紧密。在中国戏曲中，有许多剧名中就含有“酒”字，如《贵妃醉酒》《宝蟾送酒》《监酒令》《酒丐》等；有些虽然剧名中没有“酒”字，却同样是以酒或醉酒构成了全剧的主要情节，如《薛刚大闹花灯》和《伐子都》等，这些都属于较为纯粹的酒戏，构成了酒戏的主体。

《贵妃醉酒》是一出以醉酒为主要内容的经典剧目，说的是备受宠爱的杨贵妃有一天与唐明皇相约在百花亭饮酒，等了很长时间，也不见唐明皇来，便追问太监高力士，这才得知唐明皇已到梅妃的西宫就寝了。浪漫的期待瞬间破灭，杨贵妃立刻心生哀怨，对月独酌，不觉醉意朦胧、情志迷乱、大醉方休，于是很失意地回宫。戏剧大师梅兰芳在这出戏中再现了戏曲丰富的表演程式，使角色更加鲜明、完美，艺术地再现了生活中的醉态，生动地表现出了杨贵妃在深宫内院失宠后的内心苦闷，让人看后叹为观止。

《薛刚大闹花灯》也是一出典型的酒戏，薛刚酒醉后完全不计后果，行为近似疯癫，先是打伤了太师张泰和国舅张天佐、张天佑，接着又打破了太庙的神像，打掉了太子的金冠，引得皇帝盛怒，将薛家一家三百多口满门抄斩，进而引发了一系列的故事，酒后失态就是这次事故的罪魁祸首。后来的《法场换子》《双狮图》《徐策跑城》及《薛刚反唐》等薛家戏都由此而生。

武戏中也有以酒为主的剧目，比如《伐子都》。《伐子都》是一出借酒显魂的戏，说的是名叫子都的主人公在出征时暗中害死了副帅考叔，将考叔的功劳据为已有从而产生恶果的故事。子都回到朝廷之后，郑庄公设宴为他庆功。由于太过心虚，在宴前半醒半醉，出现幻觉，好像看见考叔显魂索命。惊吓之中，子都突发疯病，并因此病亡。

除以上酒戏之外，有酒字冠名或是以酒事为主要情节的戏还有《红梨记》《醉度刘伶》《刘伶醉酒》和《醉县令》等。

伐子都 天津杨柳青年画

春秋时期，郑庄公把母亲姜国母关在牛脾山，杀死惠南王母后。惠南王派兵攻打郑国报仇。郑庄公遣将前去抵抗，大夫颍考叔和宠臣公孙子都争挂帅印。两人比武，获胜者为帅。颍考叔勇猛善战，得胜挂帅。公孙子都心怀怨恨。等到了战场，颍考叔抵挡惠南王兵马有功。公孙子都更加妒忌，趁颍考叔不防，用暗箭射死颍考叔，冒功凯旋回师。郑庄公为庆贺胜利，与群臣举行宴会。席间公孙子都忽见颍考叔出现，在极度惊吓中将冒功的事详细说出后，呕血而亡。

戏借酒意意更浓

除了直接演绎酒事的剧目之外，还有些戏虽然不是以饮酒、醉酒作为贯穿全剧的主要情节，但酒在剧中的某一片段曾经出现，并起到了渲染戏剧氛围的作用，使酒成为强化戏剧冲突、解决戏剧矛盾、推进戏剧情节发展的催化剂。这类戏的代表作有《温酒斩华雄》《群英会》《杨门女将》《白蛇传》等。

《温酒斩华雄》和《群英会》都是三国戏，前者说的是关羽随汉末诸雄共同抗击董卓的故事。董卓部将华雄在战场之上挑战各路英雄，没有遇到对手。关键时刻，关羽挺身而出，上阵斩华雄于马下，回来时出征前曹操为其斟下的一杯热酒还未凉透。后者讲的是孙刘联合抗曹之事，曹操派谋士蒋干渡江劝孙权部下周瑜投降，周瑜将计就计，使用反间计诱使曹操上当，杀掉了蔡瑁、张允，扫除了战胜曹操的最大障碍。在这两出戏中，《温酒斩华雄》以“酒尚未凉，华雄已被斩首”的细节，突出表现了关羽的神勇无敌。《群英会》则通过周瑜与蒋干两个人的佯醉，表现了周瑜的智慧谋略和蒋干的自作聪明。可以这么说，酒的点缀在这两出戏中功不可没，是真正的戏核。同样的道理，《草船借箭》《西厢记》《杨门女将》《白蛇传》等也都因为酒的细节强化了戏剧效果。

《四进士》《望江亭》《除三害》《斩黄袍》等戏也都是以酒来突出戏剧矛盾的剧目。《四进士》中宋士杰三杯酒险些误了大事；《斩黄袍》中赵匡胤醉酒后错斩义弟郑子明，差点被郑妻陶三春的人马夺去皇位；《打金砖》中刘秀也因酒醉错斩姚期、岑彭等二十八位功臣，最后自己也死于太庙。这些戏都是因酒误事的典型之作，酒在其中的作用不可低估。

此外，酒戏中还有一些主人公以“灌醉”作为手段，达到自己目的的剧目。如《望江亭》中的谭记儿用酒将杨衙内灌醉，盗走圣旨和尚方宝剑，惩治了凶恶狡诈、仗势欺人的恶徒杨衙内；《连环套》中的朱光祖将麻醉药投入窦尔敦的酒壶里，乘窦尔敦昏睡之际盗去他的双钩；《审头刺汤》中的雪艳假意向汤勤献媚，用酒将其灌醉，然后刺杀了这个卖主求荣、阴谋陷害自己丈夫、霸占自己的卑鄙小人。酒的细节在这里已成了一种表现智谋的主要方式。

杨家女将征西 年画

杨家后人杨文广率军西征，让儿子杨怀玉作为先锋。兵至白马关被李王之兵包围。杨怀玉派魏化飞到朝廷奏请宋神宗遣将救援。当时佘太君已经去世，穆桂英还活着，于是就由杨大郎之妻周夫人领兵，与杨七姐、邹兰英、孟四嫂、黄琼女、董月娥、杨秋菊、耿金花、马赛英、杜夫人、单阳公主、重阳女及杨八姐、杨九妹一起奔赴疆场，救出杨文广，杀李王、鬼王，得胜班师回朝。

酒戏醉态也醉人

酒戏是中国戏曲不可缺少的一部分，其涉及内容之广泛，剧目数量之庞大，表现手法之丰富是世界其他剧种中所没有的。由于表演上的需要，酒戏中有不少程式化表现醉酒状态的动作，这些动作使酒戏的表演更具象征意义，舞台效果非常不错。

展现醉酒的形态是酒戏表演中的主要内容，采用的手法主要有三种：一种是通过主人公个人的表演来展现，比如用以半睁半闭、半明半昏、斜视的余光看人看物的“醉眼”和以八字步交叉迈进、带动身体踉跄前行的“醉步”来告诉你主人公酒醉的程度。一种则是要通过侍从对主人公的照料、扶持来反映，以增强观众对醉酒的艺术感受。一般来说，皇帝、亲王酒醉后由太监、内侍搀扶，皇后、嫔妃和公主由宫娥、侍女搀扶，而豪绅、恶霸则由奴仆搀扶。第三种展现醉意的方法是借助其他人的感觉，如《贵妃醉酒》中，在场的全体宫女分别挽在杨贵妃的两侧，随着杨贵妃的跪拜和左右摇晃，同时互相依傍牵扯向两面做着倾侧斜倚的动作，以表现杨贵妃的酣醉。

酒戏中还有一个亮点，就是醉酒后的打斗。醉后打斗的重点是要突出一个“醉”字，不管怎么打，不管多么紧张、惊险、火爆，“醉”的特色不能丢。在醉打中，有一些高难度的技巧会随之发生，比如有铺子功、嘘口功、水袖功、莺带功、罗帽功等，这些都是特殊的高难度技巧，以此增加醉打的审美成分。《八仙过海》中的李铁拐和《大闹天宫》中的孙悟空都在醉打中加入了很多别具一格的舞蹈动作和打斗技巧，使看过这些戏的观众大呼过瘾，而《艳阳楼》中的一场高登同花逢春打斗的戏码则表现出了一种从尚未全醒到逐渐清醒，从脚步踉跄到恢复常态的醉打过程，让人看得拍手叫绝。

戏曲中的醉汉骑马也非常有特色。一开始，骑马的方式都是一只手拿着鞭子，做一种扬起鞭子拍打马儿状，但走起来又是先前进三步又后退两步，全身上下都显示出十足的醉意。这样的行马方式后来被人诟病有失真实，因为人醉了，马并没有醉，上下一致的走法看上去更像是马醉的成分多一些。经过多年摸索，著名京剧表演艺术家盖叫天对这一动作做了改革，使之变为上身前颠后仰、左摇右晃，脚下却步履如常的表演身段，展现出了人醉马不醉的艺术效果。这种表演程式后来成了醉酒骑马的样板模式。

附 部分酒戏剧情简介

《白蛇传》

峨眉山蛇仙白素贞因仰慕人间，携小青来到杭州，钱塘人士许仙路过西湖，逢雨，许仙借雨伞给白素贞与小青，订期望访，后二人相爱成婚。金山寺僧人法海告诉许仙，白素贞是蛇妖，并且教许仙在端午节的时候让白素贞喝下雄黄酒，白素贞现出原形，许仙因为过度惊吓而死。白素贞酒醒后，看到许仙已经被吓死，便亲自去昆仑山盗回灵芝草，使许仙起死回生。许仙去金山寺进香，法海又将许仙扣留在寺中，多日不回。白素贞带着小青到金山寺，恳求法海放回许仙，法海不允，白素贞忍无可忍，聚集水族，水漫金山，法海召天兵天将与白素贞决斗，白素贞因怀有身孕而节节败退，退到断桥，许仙赶到，小青觉得许仙辜负了白素贞，想要杀掉许仙，白素贞虽责怪许仙薄情，但因伉俪情深，在白素贞的劝说下三人重归于好，皆赴杭州。白素贞生下一子，法海于婴儿满月之期，将白素贞摄入金钵，压在雷峰塔下。之后，小青逃回峨眉，苦练剑法，打败塔神，推倒雷峰塔，救出白素贞，使其一家团圆。

《四进士》

明朝嘉靖年间，新科进士毛朋、田伦、顾读、刘题四人出京做官，一起约定要秉公守法、共谋大义。河南上蔡县姚廷春与妻子田氏贪图弟弟姚廷美家的财产，就用毒药毒死弟弟，又将弟媳杨素贞转卖给布商杨春为妻。杨春听素贞哭诉后，觉得素贞可怜，并没有接受这个买卖，撕毁身契，还代素贞告状。这时候，毛朋私访，代写状纸，嘱咐他们去信阳州申诉。杨素贞与杨春失散，遇到恶棍，被革职的书吏宋士杰所救，认为义女，携至州衙告状。田氏其实就是田伦的姐姐，知道了素贞在告状，于是逼弟弟代通关节。田伦给信阳知州顾读写了求情信并送上三百两白银。田伦找了一个下书差役去送信，这个差役恰好投宿在宋士杰的店中，宋士杰趁着差役酒醉的时候偷偷查看了信件，发现这封信上写的事情与自己的义女杨素贞有关。顾读读到书信后，徇情释放了被告，押禁了杨素贞时，宋士杰颇为恼火上堂质问，却被杖责后轰出堂来。遇到杨春，杨春又去巡按毛朋处上告，毛朋接了状子，宋士杰作证，田伦、顾读、刘题都因为违法失职被问罪，田氏夫妇也被判了死刑，素贞的冤屈得以昭雪。

《乌盆记》

这是一出用精美的唱腔编织而成的充满人情味的“鬼故事”。

南阳缎商刘世昌结账回家，行至定远县遇雨，借宿窑户赵大家。赵见财起意，将其用毒酒毒死，后将其尸烧制乌盆一只。一日，鞋工张别古向赵大索要欠款，得到乌盆。附在乌盆之上的刘世昌鬼魂向张别古诉冤，张别古代为鸣冤。包拯接得状纸后查清案情，将赵大杖毙。

《连环套》

《连环套》又名《坐寨盗马》，说的是朝廷御马被盗，梁九公让黄三太之子黄天霸在规定期限内把御马找到，并且破案。黄天霸与众兄弟经过仔细追查，发现此马是连环套窦尔敦盗走的，于是乔装打扮，上山与窦尔敦约定第二天在山下比试。当天晚上，朱光祖到了连环套中，下药酒迷倒窦尔敦，盗走其护手双钩，并留下天霸宝刀。第二天，窦尔敦大为吃惊，最后投降。

《望江亭》

宋朝，学士李希颜死了，他的妻子谭记儿为了躲避杨戬儿子杨衙内的无理纠缠，在清安观为观主白道姑抄写经卷。白道姑之侄白士中得中进士，官授潭州太守，赴任途中，路经清安观探望姑母。白道姑闻白士中丧偶，想要撮合白士中和谭记儿，白士中和谭记儿两个人也互相倾慕，结成良缘，与白士中一同赴任。杨衙内嫉妒两个人的婚事，怀恨在心，事通其父，假造圣旨，私带尚方宝剑，至潭州缉拿白士中。白士中知道了这件事后非常惊慌，谭记儿就乔装成渔娘的模样，驾船到了望江亭与杨衙内周旋，将杨衙内灌醉，盗取假圣旨及尚方宝剑。杨衙内酒醒，不及详查，至潭州府衙，方知阴谋败露。白士中反以假冒钦差之罪逮捕了杨衙内。

《贵妃醉酒》

唐天宝年间，唐玄宗与贵妃杨玉环约好一起在百花亭设宴，饮酒赏花。这一天，贵妃穿戴美艳，一直在百花亭等待玄宗，但是很长时间没有见到尊驾，后来有太监来报，原来皇帝已经去了西宫梅妃那里。杨贵妃听闻这个消息，非常不高兴，只能在赏花的地方独自买醉，醉后更觉得烦闷，命令高力士到西宫请唐明皇来和她对饮。经高、裴二人婉言相劝，才满怀怨恨，独自回宫。

《龙凤呈祥》

孙权因刘备占据荆州，不肯归还，他与周瑜设下美人计，假称要将妹妹孙尚香嫁给刘备，让刘备渡江借机扣为人质，以换荆州。此计被诸葛亮识破，令刘备利用周瑜的岳父乔玄讨好孙权的母亲吴氏，吴氏在甘露寺设酒宴相亲，弄假成真。刘备赘婚东吴后，周瑜用宫室、声色迷之，刘备果然不想回转荆州。数日后，赵云借诸葛亮所付锦囊之计，诈称曹操攻打荆州，孙尚香应刘备之请辞别母亲与刘备偷偷回归荆州。周瑜遣将追截，又皆为孙氏斥退。周瑜亲自率领大军赶到，诸葛亮早已预备好船只，接应刘备脱险，周瑜反为张飞所败。

《斩黄袍》

大周天子柴荣死后，赵匡胤黄袍加身，改国号为宋，封郑恩郑子明为北平王。韩龙把他的妹妹韩素梅献给了赵匡胤，因此而得宠，受封游街。在路上遇郑子明被殴打并逃入皇宫。韩妃受赵匡胤宠信，在醉中将将军郑恩处死，郑恩的妻子陶三春率兵包围了皇宫。赵匡胤酒醒深感后悔。高怀德闯入宫中斩首韩龙，与赵匡胤登城楼斡旋。赵匡胤答应为郑子明追荐，陶三春于是斩赵匡胤黄袍泄愤，收兵离开。

《打金砖》

东汉光武帝时，姚刚杀害了郭贵妃的父亲郭太师，姚刚的父亲姚期将儿子绑到大殿上向皇帝请罪。因姚氏父子对国家有功，刘秀并没有处死姚刚，只把他发配到湖北，并说服姚期不要引咎辞职。刘秀喝醉后，郭贵妃传旨要杀掉姚期，老臣们前来求情，他们都被醉酒的刘秀下令斩首。当刘秀从大醉中醒来时，后悔不已，精神恍惚。他去庙里祭拜，看到了许多忠心耿耿的鬼魂，数次惊厥过度，最终被吓死了。